짧은시간안에 합격 쇼츠

Shorts

소방안전 2·3급
관리자
핵심요약집

서울고시각

Stand by
Strategy
Satisfaction

새로운 출제경향에 맞춘 수험서의 완벽서

머리말

　현대사회는 과학기술 및 건축기술의 발달로 초고층아파트 등 초고층건축물이 증가하고 있고, 산업사회의 발달로 인한 대규모 화재를 초래할 수 있는 위험물이 현저히 증가하고 있다. 따라서 이와 같은 화재의 발생을 예방하거나 발생된 화재를 신속하게 진압하여 피해규모를 줄이기 위하여 이에 대응할 수 있는 특별한 조치가 충분하게 강구되어져야 할 것이고, 그러한 조치의 일환으로 소방안전관리자 제도를 두고 있다.

　이 책은 점점 더 어려워지고 있는 소방안전관리자 시험에 대비하여 핵심적인 사항을 반복 학습할 수 있는 책에 대한 독자들의 요청이 계속되어, 어떻게 하면 효율적으로 학습할 수 있을지 고민에 고민을 더한 결과물이다.

 이 책의 특징

1. 핵심적인 내용을 도표식으로 정리하여 한눈에 내용을 파악할 수 있도록 하였다.
2. 암기가 어려운 부분은 최대한 두문자를 구성하여 암기하는 데 효율을 높이도록 구성하였다.
3. 핵심적인 사항을 파악할 수 있도록 기출문제를 수록하였다.
4. 이 책은 2급, 3급 공통교재로 구성되어 있다. 각 파트에 2급에만 해당되는 경우, 2급·3급 모두에 해당되는 경우를 표시하여 그에 따라 공부할 수 있도록 구성하였다.

　본서가 수험생 여러분의 합격에 다소나마 도움이 되어 달성하고자 하는 바를 꼭 이루게 되기를 간절히 바라며, 아울러 저자는 앞으로도 미비점을 보완하고 개선해 나갈 것을 약속드린다.

　끝으로 이 책의 출간에 도움을 주신 서울고시각 김용관 회장님과 김용성 사장님 이하 편집부 직원 여러분께 지면으로나마 감사의 말씀을 전한다.

편저자 씀

시험안내 GUIDE

1 근거법령

「화재의 예방 및 안전관리에 관한 법률」

2 시험일시

한국소방안전원 사이트 시험일정 참조

3 시험과목

① 2급 소방안전관리자

구분	내용
1과목	소방안전관리자 제도
	소방관계법령(건축관계법령 포함)
	소방학개론
	화기취급감독 및 화재위험작업 허가·관리
	위험물·전기·가스 안전관리
	피난시설, 방화구획 및 방화시설의 관리
	소방시설의 종류 및 기준
	소방시설(소화설비, 경보설비, 피난구조설비)의 구조
2과목	소방시설(소화설비, 경보설비, 피난구조설비)의 점검·실습·평가
	소방계획 수립 이론·실습·평가(화재안전취약자의 피난계획 등 포함)
	자위소방대 및 초기대응체계 구성 등 이론·실습·평가
	작동기능점검표 작성 실습·평가
	응급처치 이론·실습·평가
	소방안전 교육 및 훈련 이론·실습·평가
	화재 시 초기대응 및 피난 실습·평가
	업무수행기록의 작성·유지 실습·평가

② 3급 소방안전관리자

구분	내용
1과목	소방관계법령
	화재일반
	화기취급감독 및 화재위험작업 허가·관리
	위험물·전기·가스 안전관리
	소방시설(소화설비, 경보설비, 피난구조설비)의 구조
2과목	소방시설(소화설비, 경보설비, 피난구조설비)의 점검·실습·평가
	소방계획 수립 이론·실습·평가(업무수행기록의 작성·유지 실습·평가, 화재안전취약자의 피난계획 등 포함)
	작동기능점검표 작성 실습·평가
	응급처치 이론·실습·평가
	소방안전 교육 및 훈련 이론·실습·평가
	화재 시 초기대응 및 피난 실습·평가

4 시험방법 및 시간

시험방법	배점	문항수	시간
객관식 (선택형, 4지 1선택)	1문제 4점	50문항 (과목별 25문항)	1시간 (60분)

5 시험접수 방법

구분	시도지부 방문접수 (근무시간 : 9:00 ~ 18:00)	안전원 사이트 접수 (www.kfsi.or.kr)
접수시 관련 서류	• 응시수수료 (현금,카드 등) • 사진 1매 • 응시자격별 증빙서류 (해당자 한함)	• 응시수수료 결제 (신용카드, 무통장입금)
증빙이 불필요한 경우	가능	가능
증빙이 필요한 경우 (최초 학력, 경력, 학경력, 관련자격증의 경우)	가능	가능 단, 사전심사 필요 (5~7일 소요)

6 합격자 결정

매 과목 100점을 만점으로 하여 매 과목 40점 이상, 전 과목 평균 70점 이상 득점한 사람

7 시험 응시자 유의사항

① 응시자는 응시표에서 정한 입실 시간(시험시작 30분 전까지 입실)까지 응시표, 신분증, 필기도구(컴퓨터용 흑색 수성 사인펜), 사진(미제출자에 한함)을 지참하고 지정된 좌석에 착석하여 시험감독관의 시험안내에 따라야 함.
② 신분증을 지참하지 않을 경우 응시할 수 없음.
  ※ 신분증의 범위 : 공무원증, 주민등록증(주민등록증 발급신청확인서 포함), 운전면허증, 여권 및 학생증(사진이 부착된 학생증에 한함)에 한함.
③ 시험 OMR 답안카드 작성은 컴퓨터용 흑색 수성 사인펜만을 사용하여야 함.
④ 답안카드에 시험교시, 응시번호, 성명 등을 기재·표기하지 않거나 틀리게 작성하여 발생하는 불이익은 응시자의 책임으로 함.
⑤ 시험시간 중에는 수정액, 수정테이프 등을 일체 사용할 수 없음.

⑥ 시험실 내에는 어떠한 통신장비(휴대전화기, 무선호출기, PDA 등) 및 MP3, 녹음기 등을 사용할 수 없으며, 휴대를 제한할 수 있음.

⑦ 시험문제지 및 답안지는 공개하지 않으며, 시험종료 후에는 답안카드와 함께 문제지를 제출하여야 함. 만일 문제지를 반납하지 않거나 응시표 등에 문제를 옮겨 적어가는 경우는 부정행위로 처리함.

⑧ 부정한 행위를 한 자에 대하여는 그 시험을 무효로 하고, 그 처분이 있는 날로부터 2년간 소방안전관리에 관한 시험응시자격을 정지함.

⑨ 시험 시간 중에는 화장실을 사용하거나 퇴실할 수 없으며, 시험 종료 30분 전부터 답안 제출 후 중도 퇴실할 수 있음.

⑩ 시험장 내에서 흡연을 할 수 없으며, 시험장의 시설물이 훼손되지 않도록 주의하여야 함.

⑪ 응시자는 시험시행 공고문, 응시표, 장소 공고 등에서 정한 주의사항을 유의하여야 하며, 이를 준수하지 않을 경우에는 본인에게 불이익이 될 수 있음.

8 지부별 연락처

지부(지역)	연락처	지부(지역)	연락처
서울지부(서울 영등포)	02-850-1378	서울동부지부(서울 신설동)	02-850-1392
부산지부(부산 금정구)	051-553-8423	대구경북지부(대구 중구)	053-431-2393
인천지부(인천 서구)	032-569-1971	울산지부(울산 남구)	052-256-9011
경기지부(수원 팔달구)	031-257-0131	경기북부지부(파주)	031-945-3118
대전충남지부(대전 대덕구)	042-638-4119	경남지부(창원)	055-237-2071
충북지부(청주 서원구)	043-237-3119	광주전남지부(광주 광산구)	062-942-6679
강원지부(횡성군)	033-345-2119	전북지부(전북 완주군)	063-212-8315
제주지부(제주시)	064-758-8047		

핵심기출문제

최신 출제경향과
중요사항을 복습하는 데
도움이 되도록
최신 기출문제 중에서
핵심문제를 구성함

암기노트

중요사항을 효율적으로
암기할 수 있도록
두문자를 구성함

오답체크

출제가 예상되는 지문을
틀린 지문으로 구성하여
깊이 있는 학습을 가능케 함

KEY POINT

핵심기출문제

○본법의 내○으로 옳은 것은?

① 소방○상물은 건축물, 차량, 선박(항구에서 벗어나 항해 중인 선박), 선박 건조 구조물, 산림 그 밖의 인공구조물 또는 물건을 말한다.
② 관계인은 소방대상물의 소유자·관리자 또는 시공자를 말한다.
③ 한국소방안전원은 소방시설, 위험물 탱크시설 등의 성능검사기관 이다.
④ 한국소방안전원은 교육훈련 등 행정기관이 위탁한 업무를 수행한다.

해설 ① 항구에서 벗어나 항해 중인 선박은 소방대상물에 포함되지 않는다.
② 관계인은 소방대상물의 소유자·관리자 또는 점유자를 말한다.
③ 한국소방안전원은 소방시설, 위험물 탱크시설 등의 성능검사기관 이 아니다.

답 ④

암기노트 📝

⬚교·⬚사⬚발·⬚홍(총)
⬚위·⬚협

■ **안전원의 업무**

① 소방기술과 안전관리에 관한 교육 및 조사·연구
② 소방기술과 안전관리에 관한 각종 간행물 발간
③ 화재 예방과 안전관리의식 고취를 위한 대국민 홍보
④ 소방업무에 관하여 행정기관이 위탁하는 업무
⑤ 소방안전에 관한 국제협력
⑥ 그 밖에 회원에 대한 기술지원 등 정관으로 정하는 사항

오답체크 📓

① 소방○
업지원조성 및 창
② 소방산업
지원×
③ 소방산업의 발전을 위한 국제협력 및 해외진출의 지원×

(plus) 소방산업 발전을 위한 소방장비 보급의 확대와 마케팅 지원×

핵심기출문제

다음 중 소방안전원의 업무에 해당하는 것은?

① 소방산업의 기반조성 및 창업지원
② 소방산업 전문인력의 양성 지원
③ 소방기술과 안전관리에 관한 각종 간행물 발간
④ 소방산업의 발전을 위한 국제협력 및 해외진출의 지원

해설 ①, ②, ④는 한국소방산업기술원의 업무에 해당한다.

답 ③

8

■ 가스화재의 주요원인 2급 3급

공급자	① 공급자의 안전의식 ② 가스 충전작업 시 과충전에 의한 폭발 ③ 용기 교체 작업 시 누설로 인한 화재 ④ 용기 교체 후 잔량가스 처리 및 취급 미숙 ⑤ 용기보관실 작업안전수칙 미준수 ⑥ 고압가스 운반 시 운반기준 미준수
사용자	① 용기보관 중 가스 누설 ② 호스 연결부위 접속 불량 방치 ③ 콕크나 밸브 조작 미숙 ④ 가스 사용 시 장시간 자리 비움 ⑤ 인화성물질과 함께 사용 ⑥ 환기불량으로 인한 질식 사망

KEY POINT

급수표시
각 급수에 해당되는
내용을 구분할 수 있도록
표시하여 그에 맞게
학습하도록 구성함

■ 가스누설경보기 설치 위치 2급 3급

증기비중이 1보다 작은 가스의 경우	① 연소기로부터 수평거리 8m 이내의 위치에 설치 ② 탐지기의 하단은 천장면의 하방 30cm 이내의 위치에 설치
증기비중이 1보다 큰 가스의 경우	① 연소기 또는 관통부로부터 수평거리 4m 이내의 위치에 설치 ② 탐지기의 상단은 바닥면의 상방 30cm 이내의 위치에 설치

핵심기출문제

가스누설경보기는 탐지대상 가스의 증기비중이 1보다 작은 경우 연소기
로부터 수평거리 몇 m 이내의 위치에 설치해야 하는가?

① 4m   ② 5m
③ 7m   ④ 8m

해설 가스누설경보기는 탐지대상 가스의 증기비중이 1보다 작은 경우 연소
기로부터 8m 이내의 위치에 설치해야 한다.

답 ④

용어해설 ▎
• 부재(部材)[명사] 골조의 뼈
 대를 이루는 구성 요소 재료를
 말한다. 되다

용어해설
어려운 용어를 이해하기
쉽도록 설명하여 학습에
도움이 되도록 구성함

차례 CONTENTS

차례 CONTENTS

PART 01

소방
관계법령

1 소방기본법

1 총칙

소방기본법의 목적 2급

① 화재를 예방·경계하거나 진압
② 화재, 재난·재해, 그 밖의 위급한 상황에서의 구조·구급활동
③ 국민의 생명·신체 및 재산을 보호함
④ 공공의 안녕 및 질서 유지와 복리증진에 이바지함

용어의 정의 2급 3급

① 소방대상물 : 건축물, 차량, 항구에 매어둔 선박, 선박 건조 구조물, 산림 그 밖의 인공 구조물 또는 물건
② 관계인 : 소방대상물의 소유자·관리자 또는 점유자
③ 소방대
  ㉠ 소방공무원
  ㉡ 의무소방원
  ㉢ 의용소방대원
④ 소방대장
  소방본부장 또는 소방서장 등 화재, 재난·재해 그 밖의 위급한 상황이 발생한 현장에서 소방대를 지휘하는 사람

2 한국소방안전원

설립 목적 2급 3급

① 소방 및 안전관리 기술의 향상 도모 및 홍보·계도
② 교육·훈련 등 행정기관 위탁사업의 추진

핵심기출문제

소방기본법의 내용으로 옳은 것은?

① 소방대상물은 건축물, 차량, 선박(항구에서 벗어나 항해 중인 선박), 선박 건조 구조물, 산림 그 밖의 인공구조물 또는 물건을 말한다.

② 관계인은 소방대상물의 소유자·관리자 또는 시공자를 말한다.

③ 한국소방안전원은 소방시설, 위험물 탱크시설 등의 성능검사기관이다.

④ 한국소방안전원은 교육훈련 등 행정기관이 위탁한 업무를 수행한다.

해설 ① 항구에서 벗어나 항해 중인 선박은 소방대상물에 포함되지 않는다.
② 관계인은 소방대상물의 소유자·관리자 또는 점유자를 말한다.
③ 한국소방안전원은 소방시설, 위험물 탱크시설 등의 성능검사기관이 아니다.

답 ④

■ **안전원의 업무 2급 3급**

① 소방기술과 안전관리에 관한 **교**육 및 조**사** · **연**구

② 소방기술과 안전관리에 관한 각종 간행물 **발**간

③ 화재 예방과 안전관리의식 고취를 위한 대국민 **홍**보

④ 소방업무에 관하여 행정기관이 **위**탁하는 업무

⑤ 소방안전에 관한 국제**협**력

⑥ 그 밖에 회원에 대한 기술지원 등 정관으로 정하는 사항

암기노트 📝

육 · 사 · 연 · 발 · 홍(종)
위 · 협

오답체크 🔖

① 소방산업의 기반조성 및 창업지원✕

② 소방산업 전문인력의 양성 지원✕

④ 소방산업의 발전을 위한 국제협력 및 해외진출의 지원 ✕

(plus) 소방산업 발전을 위한 소방장비 보급의 확대와 마케팅 지원✕

핵심기출문제

다음 중 소방안전원의 업무에 해당하는 것은?

① 소방산업의 기반조성 및 창업지원

② 소방산업 전문인력의 양성 지원

③ 소방기술과 안전관리에 관한 각종 간행물 발간

④ 소방산업의 발전을 위한 국제협력 및 해외진출의 지원

해설 ①, ②, ④는 한국소방산업기술원의 업무에 해당한다.

답 ③

■ **회원의 자격** 2급

① 「소방시설 설치 및 관리에 관한 법률」, 「소방시설공사업법」 또는 「위험물안전관리법」에 따라 등록을 하거나 허가를 받은 사람으로서 회원이 되려는 사람

② 「화재의 예방 및 안전관리에 관한 법률」, 「소방시설공사업법」 또는 「위험물안전관리법」에 따라 소방안전관리자, 소방기술자 또는 위험물안전관리자로 선임되거나 채용된 사람으로서 회원이 되려는 사람

③ 그 밖에 소방에 관한 학식과 경험이 풍부한 사람으로서 회원이 되려는 사람

3 벌칙 2급

■ **5년 이하의 징역 또는 5천만원 이하의 벌금**

① 「소방기본법」 제16조제2항을 위반하여 다음의 어느 하나에 해당하는 행위를 한 사람

　㉠ **위력(威力)**을 사용하여 출동한 소방대의 화재진압·인명구조 또는 구급활동을 **방해**하는 행위

　㉡ 소방대가 화재진압·인명구조 또는 구급활동을 위하여 **현장에 출동**하거나 현장에 출입하는 것을 고의로 **방해**하는 행위

　㉢ 출동한 소방대원에게 **폭행** 또는 협박을 행사하여 화재진압·인명구조 또는 구급활동을 **방해**하는 행위

　㉣ 출동한 소방대의 **소방장비**를 **파손**하거나 그 효용을 해하여 화재진압·인명구조 또는 구급활동을 **방해**하는 행위

② 소방자동차의 **출동**을 **방해**한 사람

③ 사람을 **구출**하는 일 또는 불을 끄거나 불이 번지지 아니하도록 하는 일을 **방해**한 사람

④ 정당한 사유 없이 소방용수시설 또는 비상소화장치를 사용하거나 소방용수시설 또는 비상소화장치의 **효용을 해치거나** 그 정당한 **사용**을 **방해**한 사람

🖉 **암기노트**

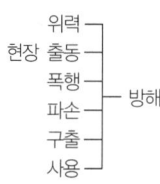

위력 ─┐
현장 출동 ─┤
폭행 ─┤
파손 ─┤─ 방해
구출 ─┤
사용 ─┘

핵심기출문제

소방기본법상 5년 이하의 징역 또는 5천만원 이하의 벌금에 처할 사유가 아닌 것은?

① 화재가 발생하거나 불이 번질 우려가 있는 소방대상물 및 토지의 강제처분을 방해한 자
② 위력을 사용하여 출동한 소방대의 구급활동을 방해한 사람
③ 소방대가 인명구조를 위하여 현장에 출동하는 것을 고의로 방해한 사람
④ 정당한 사유 없이 비상소화장치의 효용을 해친 사람

> **해설** 화재가 발생하거나 불이 번질 우려가 있는 소방대상물 및 토지의 강제처분을 방해한 자는 3년 이하의 징역 또는 3천만원 이하의 벌금에 처한다.
>
> **답** ①

▣ 3년 이하의 징역 또는 3천만원 이하의 벌금

화재가 발생하거나 불이 번질 우려가 있는 소방대상물 또는 토지의 강제처분을 방해한 자 또는 정당한 사유 없이 그 처분에 따르지 아니한 자

▣ 100만원 이하의 벌금

① 정당한 사유 없이 소방대의 생활안전활동을 방해한 자
② 정당한 사유 없이 소방대가 현장에 도착할 때까지 사람을 구출하는 조치 또는 불을 끄거나 불이 번지지 아니하도록 하는 조치를 하지 아니한 소방대상물 관계인
③ 피난명령을 위반한 사람
④ 「소방기본법」 제27조제1항에 따른 정당한 사유 없이 물의 사용이나 수도의 개폐장치의 사용 또는 조작을 하지 못하게 하거나 방해한 자
⑤ 「소방기본법」 제27조제2항에 따른 긴급조치를 정당한 사유 없이 방해한 자

양벌규정

법인의 대표자나 법인 또는 개인의 대리인, 사용인, 그 밖의 종업원이 그 법인 또는 개인의 업무에 관하여 제50조부터 제54조(징역 또는 벌금에 처할 사유)까지의 어느 하나에 해당하는 위반행위를 하면 그 행위자를 벌하는 외에 그 법인 또는 개인에게도 해당 조문의 벌금형을 과(科)한다. 다만, 법인 또는 개인이 그 위반행위를 방지하기 위하여 해당 업무에 관하여 상당한 주의와 감독을 게을리하지 아니한 경우에는 그러하지 아니하다.

핵심기출문제

다음 중 소방기본법상 100만원 이하의 벌금에 해당하는 사유가 아닌 것은?

① 정당한 사유 없이 소방대의 생활안전활동을 방해한 자
② 정당한 사유 없이 소방용수시설 또는 비상소화장치를 사용하거나 소방용수시설 또는 비상소화장치의 효용을 해친 자
③ 정당한 사유 없이 소방대가 현장에 도착할 때까지 사람을 구출하는 조치 또는 불을 끄거나 번지지 아니하도록 하는 조치를 하지 아니한 소방대상물 관계인
④ 정당한 사유 없이 물의 사용이나 수도의 개폐장치의 사용 또는 조작을 하지 못하게 하거나 방해한 자

> **해설** 정당한 사유 없이 소방용수시설 또는 비상소화장치를 사용하거나 소방용수시설 또는 비상소화장치의 효용을 해친 자는 5년 이하의 징역 또는 5천만원 이하의 벌금에 처한다.
>
> **답** ②

핵심기출문제

다음 중 「소방기본법」상 법인의 대표자나 법인 또는 개인의 대리인이 그 법인 또는 개인의 업무에 대한 위반행위로 그 행위자를 벌하는 외에 그 법인 또는 개인에게도 해당 조문의 벌금형을 과할 수 있는 경우가 아닌 것은?

① 화재 또는 구조·구급이 필요한 상황을 거짓으로 알린 사람
② 피난명령을 위반한 자
③ 화재가 발생한 토지의 강제처분을 방해한 사람
④ 정당한 사유 없이 소방대가 현장에 도착할 때까지 사람을 구출하는 조치 또는 불을 끄거나 불이 번지지 아니하도록 하는 조치를 하지 아니한 소방대상물 관계인

> **해설** ②④는 100만원 이하의 벌금에 처할 사유, ③은 3년 이하의 징역 또는 3천만원 이하의 벌금에 해당되어 모든 양벌규정을 적용할 수 있는 사유이다.
> ①은 500만원 이하의 과태료에 처할 사유로 양벌규정이 적용되지 않는 사유이다.
>
> **답** ①

■ **500만원 이하의 과태료**

화재 또는 구조·구급이 필요한 상황을 거짓으로 알린 사람

■ **200만원 이하의 과태료**

① 소방자동차의 출동에 지장을 준 자
② 소방활동구역을 출입한 사람
③ 한국소방안전원 또는 이와 유사한 명칭을 사용한 자

■ **100만원 이하의 과태료**

① 소방자동차 전용구역에 주차한 자
② 전용구역에의 진입을 가로막는 등의 방해행위를 한 자

■ **20만원 이하의 과태료**

암기노트 🖉
시·공·목·위·석

아래의 지역 또는 장소에서 화재로 오인할 만한 우려가 있는 불을 피우거나 연막소독을 실시하고자 하는 자가 신고를 하지 아니하여 소방자동차를 출동하게 한 자
① 시장지역
② 공장·창고가 밀집한 지역
③ 목조건물이 밀집한 지역
④ 위험물의 저장 및 처리시설이 밀집한 지역
⑤ 석유화학제품을 생산하는 공장이 있는 지역
⑥ 그 밖에 시·도의 조례로 정하는 지역 또는 장소

2 화재의 예방 및 안전관리에 관한 법률

2급 3급

1 총칙

목적

① 화재의 예방과 안전관리에 필요한 사항을 규정함으로써 화재로부터 국민의 생명·신체 및 재산을 보호
② 공공의 안전과 복리 증진

용어의 정의

화재안전조사	소방청장, 소방본부장 또는 소방서장(이하 "소방관서장")이 소방대상물, 관계지역 또는 관계인에 대하여 소방시설등이 소방관계법령에 적합하게 설치·관리되고 있는지, 소방대상물에 화재 발생 위험이 있는지 등을 확인하기 위하여 실시하는 현장조사·문서열람·보고요구 등을 하는 활동
화재예방강화지구	시·도지사가 화재발생 우려가 크거나 화재가 발생할 경우 피해가 클 것으로 예상되는 지역에 대하여 화재의 예방 및 안전관리를 강화하기 위해 지정·관리하는 지역
화재예방안전진단	화재가 발생할 경우 사회·경제적으로 피해 규모가 클 것으로 예상되는 소방대상물에 대하여 화재위험요인을 조사하고 그 위험성을 평가하여 개선대책을 수립하는 것

KEY POINT

암기노트
생·신·재·보
공·복

2	화재안전조사	2급 3급

주체	소방관서장(소방청장, 소방본부장 또는 소방서장)
실시할 수 있는 경우	① 자체점검/화재예방안전진단 불성실 or 불완전 ② 법령에서 명하는 경우 ③ 국가적 주요행사 개최지와 그 주변 ④ 화재 빈발 지역 및 발생 우려가 뚜렷한 곳 ⑤ 재난예측정보, 기상예보 분석 결과 화재발생 위험 大
조사 항목	① 화재의 예방조치 등에 관한 사항 ② 소방안전관리 업무 수행에 관한 사항 ③ 피난계획의 수립 및 시행에 관한 사항 ④ 소화·통보·피난 등의 훈련 및 소방안전관리에 필요한 교육에 관한 사항 ⑤ 소방자동차 전용구역의 설치에 관한 사항 ⑥ 소방시설공사업법에 따른 시공, 감리 및 감리원의 배치에 관한 사항 ⑦ 소방시설의 설치 및 관리에 관한 사항 ⑧ 건설현장 임시소방시설의 설치 및 관리에 관한 사항 ⑨ 피난시설, 방화구획 및 방화시설의 관리에 관한 사항 ⑩ 방염에 관한 사항 ⑪ 소방시설등의 자체점검에 관한 사항 ⑫ 「다중이용업소의 안전관리에 관한 특별법」, 「위험물안전관리법」, 「초고층 및 지하연계 복합건축물 재난관리에 관한 특별법」의 안전관리에 관한 사항 ⑬ 그 밖에 소방대상물에 화재의 발생 위험이 있는지 등을 확인하기 위해 소방관서장이 화재안전조사가 필요 하다고 인정하는 사항
종류	**종합조사** 안전조사 항목 **전부** 확인하는 조사 **부분조사** 안전조사 항목 **일부** 확인하는 조사
절차	① 사전에 관계인에게 통지하고 조사계획 **7일** 이상 공개 ↓ ② 안전조사실시 전 조사사유 및 조사범위 등을 현장에서 설명 ↓ ③ 소속공무원으로 하여금 관계인에게 보고 또는 자료 제출 요구하거나 소방대상물의 위치·구조·설비 또는 관리 상황에 대한 조사·질문
조치명령	① 보완 필요, 큰 인명 또는 재산 피해 예상 : 관계인에게 그 소방대상물의 개수(改修)·이전·제거, 사용의 금지 또는 제한, 사용폐쇄, 공사의 정지 또는 중지, 그 밖에 필요한 조치를 명할 수 있다. ② 법령 위반 : ①에 따른 조치를 명하거나 관계 행정기관의 장에게 필요한 조치를 하여 줄 것을 요청할 수 있다.

3 | 화재 예방조치 등 `2급` `3급`

■ 화재예방강화지구의 지정

지정권자	시 · 도지사
지정사유	<u>화재가 발생할 우려가 크거나</u> 화재가 발생할 경우 <u>피해가 클 것으로 예상되는</u> 지역
지정지역	㉠ 시장지역 ㉡ 공장 · 창고가 <u>밀집한</u> 지역 ㉢ 목조건물이 <u>밀집한</u> 지역 ㉣ 노후 · 불량건축물이 <u>밀집한</u> 지역 ㉤ 위험물의 저장 및 처리 시설이 <u>밀집한</u> 지역 ㉥ 석유화학제품을 생산하는 공장이 있는 지역 ㉦ 산업단지 ㉧ 소방시설 · 소방용수시설 또는 소방출동로가 없는 지역 ㉨ 물류단지 ㉩ 소방관서장이 화재예방강화지구로 지정할 필요가 있다고 인정하는 지역

■ 화재의 예방조치 등

① 누구든지 화재예방강화지구 및 이에 준하는 대통령령으로 정하는 장소에서는 다음 어느 하나에 해당하는 행위를 하여서는 안 된다(다만, 행정안전부령으로 정하는 바에 따라 안전조치를 한 경우에는 예외).
　㉠ **모닥불, 흡연 등의 화기 취급**
　㉡ **풍등** 등 소형 열기구 날리기
　㉢ **용접 · 용단** 등 불꽃을 발생시키는 행위
　㉣ 그 밖에 대통령령으로 정하는 화재 발생 위험이 있는 행위
② 소방관서장은 화재 발생 위험이 크거나 소화 활동에 지장을 줄 수 있다고 인정되는 행위나 물건에 대하여 행위 당사자나 그 물건의 관계인에게 다음을 명령할 수 있다(다만, 해당하는 물건의 소유자 등을 알 수 없는 경우 소속 공무원으로 하여금 그 물건을 옮기거나 보관하는 등 필요한 조치를 하게 할 수 있음).
　㉠ 위 ①의 어느 하나에 해당하는 **행위의 금지 또는 제한**
　㉡ 목재, 플라스틱 등 가연성이 큰 **물건의 제거, 이격, 적재 금지** 등
　㉢ 소방차량의 통행이나 소화 활동에 지장을 줄 수 있는 **물건의 이동**
③ 소방관서장은 옮긴 물건 등을 보관하는 경우에는 그 날부터 **14일** 동안 해당 소방관서의 인터넷 홈페이지에 그 사실을 공고해야 하며, 보관기간은 공고기간의 종료일 **다음날부터 7일**까지로 한다.

핵심기출문제

화재의 예방조치 등에 대한 내용으로 잘못된 것은?

① 누구든지 화재예방강화지구에서 모닥불, 흡연 등 화기의 취급을 하여서는 안 된다.

② 소방관서장은 물건의 소유자 등을 알 수 없는 경우 소속 공무원으로 하여금 그 물건을 옮기게 할 수 있다.

③ 소방관서장은 옮긴 물건 등을 보관하는 경우에는 그 날부터 10일 동안 해당 소방관서의 인터넷 홈페이지에 그 사실을 공고해야 한다.

④ 보관기관은 공고기간의 종료일 다음날부터 7일까지로 한다.

해설 소방관서장은 옮긴 물건 등을 보관하는 경우에는 그 날부터 14일 동안 해당 소방관서의 인터넷 홈페이지에 그 사실을 공고해야 한다.

답 ③

■ **특정소방대상물의 소방안전관리**

① 겸임금지 : (다른 법령에 따라 전기·가스·위험물의 안전관리자) 특급, 1급 겸임 금지

② 업무대행

　㉠ 관리업자로 하여금 업무대행 가능

　㉡ 감독할 수 있는 사람을 지정하여 소방안전관리자로 선임 → 선임된 자는 선임된 날부터 **3개월** 이내에 강습교육을 받아야 함.

4　소방대상물의 소방안전관리 2급 3급

암기노트 ✎

特급·오·이
삼(산)·일이
연에·십억을 번다

■ **특급 소방안전관리대상물** 2급 3급

① 5 0층 이상(지하층 **제외**)이거나 지상으로부터 높이가 2 00미터 이상인 **아파트**

② 3 0층 이상(지하층 **포함**)이거나 지상으로부터 높이가 12 0미터 이상인 특정소방대상물(아파트 제외)

③ 위 ②에 해당하지 아니하는 특정소방대상물로서 연 면적이 10 만제곱미터 이상인 특정소방대상물(아파트 제외)

> **제외**
>
> 동·식물원, 철강 등 불연성 물품을 저장·취급하는 창고, 위험물 저장 및 처리 시설 중 제조소등, 지하구 제외

핵심기출문제

다음 중 특급 소방안전관리대상물에 해당하지 않는 것은?

① 높이 200m인 지상 50층 아파트
② 지하층을 포함하여 40층인 빌딩
③ 연면적 5만m²인 상가건물
④ 높이 200m인 40층 아파트

> **해설** 연면적 10만m² 이상인 특정소방대상물이 특급 소방안전관리대상물에 해당한다.
>
> **답** ③

■ 1급 소방안전관리대상물 2급 3급

① ③0층 이상(지하층 제외)이거나 지상으로부터 높이가 ①②0미터 이상인 아파트
② 연면적 ①5,000제곱미터 이상인 특정소방대상물(아파트 및 연립주택 제외)
③ 위 ②에 해당하지 아니하는 특정소방대상물로서 지상층의 층수가 ①①층 이상인 특정소방대상물(아파트 제외)
④ 가연성 가스를 1천톤 이상 저장·취급하는 시설

> **제외**
>
> 동·식물원, 철강 등 불연성 물품을 저장·취급하는 창고, 위험물 저장 및 처리 시설 중 제조소등, 지하구 제외

핵심기출문제

다음 중 1급 소방안전관리대상물에 해당하는 것은?

① 가연성 가스를 100톤 이상 1천톤 미만 저장·취급하는 시설
② 지하구
③ 높이가 120미터 이상인 아파트
④ 보물 또는 국보로 지정된 목조건축물

> **해설** ① 가연성 가스를 1천톤 이상 저장·취급하는 시설이다.
> ② 지하구는 2급 소방안전관리대상물이다.
> ④ 보물 또는 국보로 지정된 목조건축물은 2급 소방안전관리대상물이다.
>
> **답** ③

■ 2급 소방안전관리대상물 2급 3급

① 옥내소화전설비, 스프링클러설비, 물분무등소화설비(호스릴 방식의 물분무등소화설비만을 설치한 경우 제외)를 설치하는 특정소방대상물

② 가스 제조설비를 갖추고 도시가스사업의 허가를 받아야 하는 시설 또는 가연성 가스를 100톤 이상 1천톤 미만 저장·취급하는 시설

③ 지하구

④ 「공동주택관리법」 제2조 제1항 제2호의 어느 하나에 해당하는 공동주택(옥내소화전설비 또는 스프링클러설비가 설치된 공동주택으로 한정)

⑤ 「문화유산의 보존 및 활용에 관한 법률」 제23조에 따라 보물 또는 국보로 지정된 목조건축물

📖 핵심기출문제

다음 중 2급 소방안전관리대상물에 해당하지 않는 것은?

① 가스 제조설비를 갖추고 도시가스사업의 허가를 받아야 하는 시설

② 호스릴(Hose Reel) 방식의 물분무등소화설비만을 설치한 특정소방대상물

③ 지하구

④ 보물 또는 국보로 지정된 목조건축물

해설 호스릴(Hose Reel) 방식의 물분무등소화설비만을 설치한 특정소방대상물은 제외한다.

답 ②

■ 3급 소방안전관리대상물 2급 3급

자동화재탐지설비를 설치하는 특정소방대상물

■ 소방안전관리자 보조자를 두어야 하는 대상물 2급 3급

① 「건축법 시행령」 별표 1 제2호 가목에 따른 300세대 이상인 아파트

② 연면적이 15,000제곱미터 이상인 특정소방대상물(아파트 및 연립주택 제외)

③ ① 및 ②를 제외한 공동주택 중 기숙사, 의료시설, 노유자시설, 수련시설, 숙박시설(숙박시설로 사용되는 바닥면적의 합계가 1,500m² 미만이고 관계인이 24시간 상시 근무하고 있는 숙박시설은 제외)

핵심기출문제

다음 중 소방안전관리보조자를 두어야 하는 대상물에 해당하지 않는 것은?

① 500세대 이상인 아파트
② 직원들이 24시간 상시 근무하는 바닥면적의 합계가 1,000m² 미만인 모텔
③ 연면적 15,000m² 이상인 특정소방대상물
④ 의료시설

> **해설** 숙박시설로 사용되는 바닥면적의 합계가 1,500m² 미만이고 관계인이 24시간 상시 근무하고 있는 숙박시설은 제외한다.
>
> **답** ②

■ 소방안전관리보조자 최소 선임기준 2급 3급

대상	기본 선임	추가 선임
300세대 아파트	1명	초과 300세대마다 1명
연면적 1만5천m² 이상 특정소방대상물	1명	연면적 1만5천m²마다 1명
		방재실에 자위소방대 24시간 상시근무 and 소방펌프차, 소방물탱크차, 소방화학차, 무인방수차 운용 3만m²마다 1명 추가 선임
공동주택(기숙사), 의료시설, 노유자시설 수련시설 및 숙박시설	1명	

핵심기출문제

아파트 1,350세대와 연면적 70,000m²의 공장의 소방안전관리보조자는 총 몇 명인가?

① 5명
② 6명
③ 7명
④ 8명

> **해설** 아파트는 300세대마다 소방안전관리보조자를 1명씩 선임해야 하므로 1,350세대의 경우 $\frac{1350}{300}$ = 4.5(소수점 밑에 자리는 무조건 버림) ∴ 4명
> 특정소방대상물의 경우 연면적 15,000m²마다 소방안전관리보조자를 1명씩 선임해야 하므로 70,000의 경우 $\frac{70,000}{15,000}$ = 4.666···(소수점 밑에 자리는 무조건 버림) ∴ 4명
> 아파트 4명, 공장 4명 총 8명이다.
>
> **답** ④

■ 특급 소방안전관리자 선임자격 2급 3급

선임자격	① 소방기술사, 소방시설관리사 ② 소방설비기사 자격 취득 후 5년 이상 1급 실무경력 ③ 소방설비산업기사 자격 취득 후 7년 이상 1급 실무경력 (5년 + 2글자 = 7년) ④ 소방공무원으로 20년 이상 근무경력 ⑤ 특급 시험 합격자
자격시험 응시자격	① 1급 5년 이상(소방설비기사 2년, 소방설비산업기사 3년) 실무경력 ② 1급 선임자격 갖춘 후 특급·1급 보조자로 7년 이상 실무경력 ③ 소방공무원 10년 이상 근무경력 ④ 특급 보조자로 10년 이상 실무경력

핵심기출문제

다음 중 특급 소방안전관리자의 선임자격이 없는 자는?

① 소방기술사 또는 소방시설관리사의 자격이 있는 사람
② 소방설비산업기사의 자격을 가지고 7년 이상 1급 소방안전관리대상물의 소방안전관리자로 근무한 실무경력이 있는 사람
③ 소방공무원으로 20년 이상 근무한 경력이 있는 사람
④ 소방설비기사의 자격을 가지고 3년 이상 1급 소방안전관리대상물의 소방안전관리자로 근무한 실무경력이 있는 사람

해설 소방설비기사의 자격을 가지고 5년 이상 1급 소방안전관리대상물의 소방안전관리자로 근무한 실무경력이 있는 사람이 특급 소방안전관리자의 선임자격이 있다.

답 ④

■ 1급 소방안전관리자 선임자격 2급 3급

선임자격	① 소방설비기사, 소방설비산업기사 ② 소방공무원으로 7년 이상 근무경력 ③ 1급 시험 합격자
자격시험 응시자격	① 5년 이상 2급 이상 실무경력 ② 2급 선임자격 취득 후 특급·1급 보조자로 5년 이상 실무경력 ③ 2급 선임자격 취득 후 2급 보조자로 7년 이상 실무경력 ④ 산업안전(산업)기사 자격 취득 후 2년 이상 2·3급 실무경력

핵심기출문제

다음 중 1급 소방안전관리자의 선임자격이 없는 자는?

① 소방설비기사 또는 소방설비산업기사의 자격이 있는 사람
② 산업안전기사 또는 산업안전산업기사의 자격을 가지고 2년 이상 2급 소방안전관리대상물의 소방안전관리자로 근무한 실무경력으로 1급 소방안전관리자 시험에 합격한 사람
③ 소방공무원으로 7년 이상 근무한 경력이 있는 사람
④ 도시가스사업법에 따라 위험물안전관리자로 선임된 사람

해설 법 개정으로 기존에 산업안전기사 또는 산업안전산업기사, 위험물기능장·위험물산업기사 또는 위험물기능사, 각종 가스 안전관리자, 전기안전관리자로 선임된 사람들에 대한 1급 소방안전관리자 선임자격 부여 규정은 폐지되었다.

답 ④

■ ② 급 소방안전관리자 선임자격 2급 3급

선임자격	① **위험물**기능장, 위험물산업기사, 위험물기능사 ② 소방공무원으로 **3년** 이상 근무경력 ③ 2급 시험 합격자
자격시험 응시자격	① 소방본부 또는 소방서에서 1년 이상 화재진압 또는 보조 업무 종사경력 ② 의용소방대원 3년 이상 근무경력 ③ 군부대 및 의무소방대 1년 근무경력 ④ 자체소방대 3년 이상 근무경력 ⑤ 경호공무원 또는 별정직공무원 2년 이상 안전검측 업무 근무경력 ⑥ 경찰공무원 3년 이상 근무경력 ⑦ 보조자로 3년 이상 실무경력 ⑧ 3급 안전관리자로 2년 이상 실무경력 ⑨ 건축·산업·기계·전기 등 기사 자격자

📖 **핵심기출문제**

A는 아래와 같은 건물을 신축하였다. 이 건물의 소방안전관리자로 선임될 수 있는 사람은?

- 용도 : 업무시설
- 층수 : 지하 1층, 지상 10층
- 면적 : 연면적 2,440m²
- 소방시설 : 소화기, 옥내소화전설비, 자동화재탐지설비, 피난시설(완강기), 제연설비

① 위험물기능사 자격을 가진 사람

② 1급 소방안전관리자 강습교육을 수료한 사람

③ 의용소방대원으로 3년 동안 근무한 사람

④ 소방공무원으로 2년 동안 근무한 사람

> **해설** A가 신축한 건물은 11층 미만인 건물이고 연면적 15,000m² 미만이므로 2급 소방안전관리대상물이다. ①의 위험물기능사 자격을 가진 사람만이 2급 소방안전관리대상물의 소방안전관리자로 선임될 수 있다.
>
> **답** ①

■ ③급 소방안전관리자 선임자격 2급 3급

선임자격	① 소방공무원으로 1년 이상 근무경력 ② 3급 시험 합격자
자격시험 응시자격	① 의용소방대원으로 2년 이상 근무경력 ② 자체소방대원으로 1년 이상 근무경력 ③ 경호공무원 또는 별정직공무원으로 1년 이상 안전검측 업무 근무경력 ④ 경찰공무원으로 2년 이상 근무경력 ⑤ 보조자로 2년 이상 실무경력

📖 **핵심기출문제**

다음 중 3급 소방안전관리자의 선임자격이 있는 자는?

① 의용소방대원으로 2년 이상 근무한 경력이 있는 사람

② 소방공무원으로 1년 이상 근무한 경력이 있는 사람

③ 자체소방대의 소방대원으로 1년 이상 근무한 경력이 있는 사람

④ 경호공무원으로 1년 이상 안전검측 업무에 종사한 경력이 있는 사람

> **해설** ①③④ 모두 소방청장이 실시하는 3급 소방안전관리대상물의 소방안전관리에 관한 **시험에 합격해야** 3급 소방안전관리자의 선임자격이 있다.
>
> **답** ②

■ 소방안전관리보조자 선임자격 2급 3급

	자격	경력
시험합격 필요 없음	소방안전 관련 업무	2년
	소방안전관리자	경력 필요 없음
	국가기술자격자	
	강습교육 수료	

📖 **핵심기출문제**

다음 중 소방안전관리보조자로 선임될 수 있는 자격이 없는 사람은?

① 3급 소방안전관리대상물의 소방안전관리자 자격이 있는 사람

② 기술·기능 분야 국가기술자격 중에서 행정안전부령으로 정하는 국가기술자격이 있는 사람

③ 2급 소방안전관리 강습교육을 수료한 사람

④ 소방안전관리대상물에서 소방안전 관련 업무에 1년 이상 근무한 경력이 있는 사람

해설 소방안전관리대상물에서 소방안전 관련 업무에 **2년 이상** 근무한 경력이 있는 사람이 소방안전관리보조자로 선임될 수 있는 자격이 있다.

답 ④

■ 소방안전관리자 또는 소방안전관리자의 선임신고 등 2급 3급

① 선임 : 특정소방대상물의 관계인은 다음의 구분에 따라 해당 호에서 정하는 날부터 **30일** 이내에 선임하여야 한다.

ⓐ 신축·증축·개축·재축·대수선 또는 용도변경으로 해당 특정소방대상물의 소방안전관리자를 신규로 선임하여야 하는 경우 : 해당 특정소방대상물의 **사용승인일**(건축물의 경우에는 「건축법」 제22조에 따라 건축물을 사용할 수 있게 된 날을 말한다)

ⓑ 증축 또는 용도변경으로 인하여 특정소방대상물이 소방안전관리대상물로 된 경우 : 증축공사의 **완공일** 또는 용도변경 사실을 건축물관리대장에 **기재한 날**

ⓒ 특정소방대상물을 양수하거나 「민사집행법」에 의한 경매, 「채무자 회생 및 파산에 관한 법률」에 의한 환가, 「국세징수법」·「관세법」 또는 「지방세기본법」에 의한 압류재산의 매각 그 밖에 이에 준하는 절차에 의하여 관계인의 권리를 취득한 경우 : 해당 권리를 **취득한 날** 또는 관할 소방서장으로부터 소방안전관리(보조)자 선임 안내를 받은 날. 다만, 새로 권리를 취득한 관계인이 종전의 특정

소방대상물의 관계인이 선임신고한 소방안전관리(보조)자를 해임하지 아니하는 경우를 제외한다.

ⓔ 관리의 권원이 분리된 특정소방대상물의 경우 : 관리의 권원이 분리되거나 소방본부장 또는 소방서장이 관리의 권원을 조정한 날

ⓜ 소방안전관리(보조)자가 해임, 퇴직 등으로 소방안전관리(보조)자의 업무가 종료된 경우 : 소방안전관리(보조)자를 해임한 날, 퇴직한 날 등 근무를 종료한 날

ⓗ 소방안전관리업무를 대행하는 자를 감독할 수 있는 사람을 소방안전관리자로 선임한 경우로서 그 업무대행 계약이 해지 또는 종료된 경우 : 소방안전관리업무 대행이 끝난 날

ⓢ 소방안전관리자 자격이 정지 또는 취소된 경우 : 소방안전관리자 자격이 정지 또는 취소된 날

📖 핵심기출문제

다음 중 소방안전관리자의 선임기산일로 틀린 것은?

① 신축 또는 용도변경으로 해당 특정소방대상물의 소방안전관리자를 신규로 선임하여야 하는 경우 : 해당 특정소방대상물의 완공일

② 증축 또는 용도변경으로 인하여 특정소방대상물이 소방안전관리대상물로 된 경우 : 증축공사의 완공일 또는 용도변경 사실을 건축물관리대장에 기재한 날

③ 특정소방대상물을 양수하거나 「민사집행법」에 의한 경매에 의하여 관계인의 권리를 취득한 경우 : 해당 권리를 취득한 날 또는 관할 소방서장으로부터 소방안전관리자 선임 안내를 받은 날

④ 소방안전관리자를 해임한 경우 : 소방안전관리자를 해임한 날

해설 신축 또는 용도변경으로 해당 특정소방대상물의 소방안전관리자를 신규로 선임하여야 하는 경우는 해당 특정소방대상물의 **사용승인일**이다.

답 ①

---

② 선임신고 등 : **14일** 이내 소방본부장 또는 소방서장에게 신고

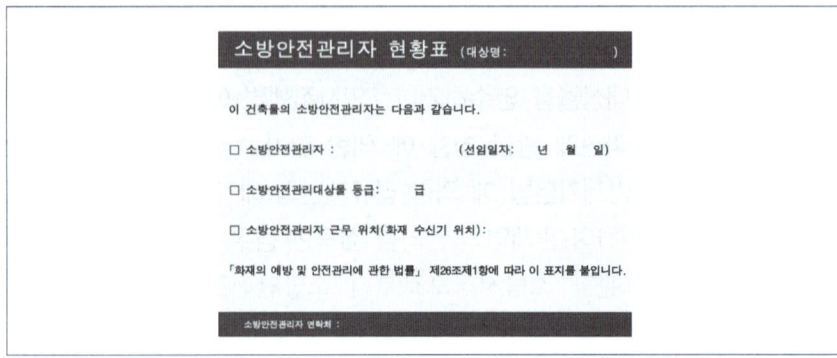

핵심기출문제

에이원빌딩의 관계인은 2023년 4월 20일에 2급 소방안전관리자를 선임했다. 언제까지 소방서장에게 신고해야 하는가?

① 4월 30일까지　　　　　② 5월 3일까지
③ 5월 9일까지　　　　　④ 5월 19일까지

해설 소방안전관리자 또는 소방안전관리자보조자를 선임한 경우에는 선임한 날부터 **14일** 이내에 소방본부장 또는 소방서장에게 신고해야 하므로 4월 20일부터 14일 이내인 5월 3일까지 신고해야 한다.

답 ②

③ 선임연기

신청자	**2급, 3급** 소방안전관리대상물 또는 **보조자** 선임대상 소방안전관리대상물의 관계인
사유	강습교육이나 자격시험이 선임 기간 내에 있지 아니하여 선임할 수 없는 경우
연기사유 확인	강습교육 접수 또는 시험응시 여부 확인
연기기간 중 업무 수행자	소방안전관리대상물의 관계인
연기일의 통보	소방본부장 또는 소방서장이 선임 연기 신청서를 제출받은 경우는 3일 이내에 선임기간을 지정하여 관계인에게 통보

핵심기출문제

소방안전관리자의 선임에 관해 틀린 것은?

① 소방안전관리자를 선임하지 않은 경우 300만원 이하의 벌금에 처한다.
② 소방안전관리자를 선임한 경우에는 선임한 날부터 14일 이내에 소방본부장 또는 소방서장에게 신고하여야 한다.
③ 1급, 2급 소방안전관리대상물 선임대상인 특정소방대상물의 관계인은 한 차례 선임연기가 가능하다.
④ 소방안전관리자를 해임한 경우 30일 이내에 소방안전관리자를 선임해야 한다.

해설 2, 3급 소방안전관리대상물 또는 소방안전관리보조자 선임대상인 특정소방대상물의 관계인은 한 차례 선임연기가 가능하다.

답 ③

■ 특정소방대상물의 관계인과 소방안전관리자의 업무 비교 **2급** **3급**

관계인	소방안전관리자
	① 피난**계획**에 관한 사항과 소방**계획**서의 작성 및 시행
	② **자위**소방대 및 초기대응체계의 구성, 운영 및 교육
① 피난**시설**, 방화**구획** 및 방화시설의 관리	③ 피난**시설**, 방화**구획** 및 방화시설의 관리
② 소방**시설**이나 그 밖의 소방 관련 **시설**의 관리	④ 소방시설이나 그 밖의 소방 관련 시설의 관리
	⑤ 소방**훈련** 및 **교육**
③ **화기**(火氣)**취급**의 **감독**	⑥ **화기**(火氣)**취급**의 **감독**
	⑦ 소방안전관리에 관한 업무수행에 관한 기록·유지
④ 화재발생 시 초기 대응	⑧ 화재발생 시 초기 대응
⑤ 그 밖에 소방안전관리에 필요한 업무	⑨ 그 밖에 소방안전관리에 필요한 업무

📖 **핵심기출문제**

다음 중 특정소방대상물의 관계인의 업무가 아닌 것은?

① 화기취급의 감독
② 자위소방대 및 초기대응체계의 구성, 운영 및 교육
③ 방화구획 및 방화시설의 관리
④ 그 밖에 소방안전관리에 필요한 업무

해설 자위소방대 및 초기대응체계의 구성, 운영 및 교육은 특정소방대상물의 관계인의 업무가 아니라 소방안전관리자의 업무이다.

답 ②

■ 소방안전관리업무 수행에 관한 기록·유지 **2급** **3급**

작성주체	작성회수	기록 보관기간
소방안전관리자	월 1회 이상	기록 작성한 날부터 2년

■ 소방안전관리 업무의 대행 2급 3급

대통령령으로 정하는 소방안전관리대상물의 관계인은 관리업자로 하여금 소방안전관리업무 중 대통령령으로 정하는 업무를 대행하게 할 수 있다. 이 경우 선임된 소방안전관리자는 관리업자의 대행업무 수행을 감독하고 대행업무 외의 소방안전관리업무는 직접 수행하여야 한다.

대통령령으로 정하는 소방안전관리대상물	㉠ 1급 소방안전관리대상물 중 연면적 15,000m² 미만인 특정소방대상물로서 층수가 11층 이상인 특정소방대상물(아파트 제외) ㉡ 2급·3급 소방안전관리대상물
대통령령으로 정하는 업무	㉠ 피난시설, 방화구획 및 방화시설의 관리 ㉡ 소방시설이나 그 밖의 소방 관련 시설의 관리

핵심기출문제

다음 중 소방시설관리업자로 하여금 업무를 대행하게 할 수 있는 대상물은?

① 높이 250m인 아파트
② 10층 오피스텔
③ 연면적 20,000m²인 건물
④ 가연성 가스 2천톤을 저장·취급하는 시설

해설 10층 오피스텔은 2급 소방안전관리대상물로 업무대행이 가능하다.

답 ②

■ 건설현장 소방안전관리 2급

① 건설현장 소방안전관리대상물

대상 건축행위		신축·증축·개축·재축·이전·용도변경 또는 대수선
대상면적	연면적의 합계 15,000m² 이상인 것	모두
	연면적 5,000m² 이상인 것	㉠ 지하층의 층수가 2개층 이상인 것 ㉡ 지상층의 층수가 11층 이상인 것 ㉢ 냉동창고, 냉장창고 또는 냉동·냉장창고

② 건설현장 소방안전관리자 업무·선임기간·선임 신고

업무	① 건설현장의 소방계획서 작성 ② 임시소방시설의 설치 및 관리에 대한 감독 ③ 공사진행 단계별 피난안전구역, 피난로 등의 확보와 관리 ④ 건설현장의 작업자에 대한 소방안전 교육 및 훈련 ⑤ 초기대응체계의 구성·운영 및 교육 ⑥ 화기취급의 감독, 화재위험작업의 허가 및 관리 ⑦ 그 밖에 건설현장의 소방안전관리와 관련하여 소방청장이 고시하는 업무
선임 기간	소방시설공사 착공 신고일부터 건축물 사용승인일까지 선임
선임 신고	공사시공자는 선임한 날로부터 14일 이내에 건설현장 소방안전관리자 선임신고서에 아래 서류를 첨부하여 소방본부장 또는 소방서장에게 신고해야 한다. ① 소방안전관리자 자격증 ② 건설현장 소방안전관리자가 되려는 사람에 대한 강습교육 수료증 ③ 건설현장 소방안전관리대상물의 공사

■ 피난계획의 수립 및 시행 2급 3급

피난계획에 포함되어야 할 항목	① 화재경보의 수단 및 방식 ② 층별, 구역별 피난대상 인원의 연령별·성별 현황 ③ 장애인, 노인, 임산부, 영유아 및 어린이 등 이동이 어려운 사람("피난약자")의 현황 ④ 각 거실에서 옥외(옥상 또는 피난안전구역을 포함)로 이르는 피난경로 ⑤ 피난약자 및 피난약자를 동반한 사람의 피난동선과 피난방법 ⑥ 피난시설, 방화구획, 그 밖에 피난에 영향을 줄 수 있는 제반 사항
피난유도 안내정보의 제공	① 연 2회 피난안내 교육을 실시하는 방법 ② 분기별 1회 이상 피난안내방송을 실시하는 방법 ③ 피난안내도를 층마다 보기 쉬운 위치에 게시하는 방법 ④ 엘리베이터, 출입구 등 시청이 용이한 장소에 피난안내 영상을 제공하는 방법

■ 소방안전관리대상물 근무자 및 거주자 등에 대한 소방훈련 등 [2급] [3급]

① 일반적인 소방훈련

실시의무자	관계인
결과보고	특급 및 1급
횟수	연 1회(소방본부장 또는 소방서장이 필요하다고 인정하여 2회의 범위에서 추가 실시할 것 요청하는 경우 실시해야 함)
기록부 보관기간	2년

② 불시 소방훈련

실시권자	소방본부장 또는 소방서장
대통령령으로 정하는 특정소방대상물	① 의료시설, 교육연구시설, 노유자시설 ② 그 밖에 화재 발생 시 불특정 다수의 인명피해가 예상되어 소방본부장 또는 소방서장이 소방훈련·교육이 필요하다고 인정하는 특정소방대상물
사전통지기간	소방훈련·교육 실시 10일 전까지 관계인에게 통지
결과통보	소방본부장 또는 소방서장이 관계인에게 소방훈련·교육 종료일부터 10일 이내에 결과서 통지

■ 소방안전관리자 등에 대한 교육 [2급] [3급]

① 강습교육
　㉠ 소방청장이 강습교육 실시 20일 전까지 인터넷 홈페이지에 공고
　㉡ 교육시간 합계 90% 이상 출석, 결강시간은 1일 최대 3시간을 초과할 수 없음

② 실무교육

교육기관	한국소방안전원	
교육대상자	선임된 소방안전관리자 및 소방안전관리보조자	
교육주기	소방안전관리자	선임된 날부터 **6개월** 이내, 그 이후 **2년마다**(최초 실무교육을 받은 날을 기준으로 하여 매 2년이 되는 해의 기준일과 같은 날 전까지를 말한다) 1회 실무교육을 받아야 한다.
		소방안전관리 강습 또는 실무교육을 받은 후 **1년** 이내에 소방안전관리자로 선임된 경우 해당 강습실무교육을 받은 날에 실무교육을 받은 것으로 본다.
	소방안전관리보조자	소방안전 관련 업무 종사경력으로 보조자로 선임된 경우 선임된 날부터 **3개월** 이내, 그 이후 **2년마다**(최초 실무교육을 받을 날을 기준으로 하여 매 2년 되는 해의 기준일과 같은 날 전까지를 말한다) 1회 실무교육을 받아야 한다.
		소방안전관리자 강습교육 또는 실무교육이나 소방안전관리보조자 실무교육을 받은 후 **1년** 이내에 선임된 경우 해당 강습교육 및 실무교육을 이수한 날에 받은 것으로 본다.

📝 **암기노트**

불 · 의 · 교 · 유(육)

> **핵심기출문제**
>
> 고소방씨는 2023년 1월 21~25일 5일간 1급 소방안전관리자 강습교육을 받고 그 해 시험에 합격하였다. 회사에서는 고소방씨를 소방안전리자로 2022년 8월 1일에 선임하였다. 실무교육을 언제 받으면 되는가?
>
> ① 2023년 12월 30일 이내 　② 2024년 1월 24일 이내
> ③ 2025년 1월 24일 이내 　④ 2025년 7월 30일 이내
>
> > **해설** 고소방씨는 강습교육을 받은 후 1년 이내에 소방안전관리자로 선임된 경우이므로 수료한 날짜인 2023년 1월 25일에 실무교육을 받은 것으로 보기 때문에 그 이후 2년마다 실무교육을 받으면 되므로 2025년 1월 24일 이내에 실무교육을 받으면 된다.
> >
> > **답** ③

■ 소방안전관리자의 자격정지

소방청장은 실무교육을 받지 아니한 경우에는 1년 이하의 기간을 정하여 자격을 정지시킬 수 있다.

5 벌칙　　2급 3급

① 벌금 등

3년 이하의 징역 또는 3천만원 이하의 벌금	① 화재안전조사 결과에 따른 **조치명령**을 정당한 사유 없이 위반한 자 ② 화재예방안전진단 결과에 따른 보수·보강 등의 **조치명령**을 정당한 사유 없이 위반한 자
1년 이하의 징역 또는 1천만원 이하의 벌금	① 소방안전관리자 자격증을 다른 사람에게 빌려 주거나 빌리거나 이를 알선한 자 ② 화재예방안전진단을 받지 아니한 자
300만원 이하의 벌금	① 화재안전조사를 정당한 사유 없이 거부·방해 또는 기피한 자 ② 화재예방조치 명령을 정당한 사유 없이 따르지 아니하거나 방해한 자 ③ 소방안전관리자, 총괄소방안전관리자, 소방안전관리보조자를 선임하지 아니한 자 ④ 소방시설·피난시설·방화시설 또는 방화구획 등이 법령에 위반된 것을 발견하였음에도 필요한 조치를 할 것을 요구하지 아니한 소방안전관리자 ⑤ 소방안전관리자에게 불이익한 처우를 한 관계인

핵심기출문제

아래 내용에 해당하는 사람에게 적용할 수 있는 벌칙사항으로 옳은 것은?

> • 소방시설·피난시설·방화시설 및 방화구획 등이 법령에 위반된 것을 발견하고도 필요한 조치를 요구하지 않는 소방안전관리자
> • 소방안전관리자에게 불이익한 처우를 한 관계인

① 300만원 이하의 과태료
② 300만원 이하의 벌금
③ 1년 이하의 징역 또는 1천만원 이하의 벌금
④ 3년 이하의 징역 또는 3천만원 이하의 벌금

해설 소방시설·피난시설·방화시설 및 방화구획 등이 법령에 위반된 것을 발견하고도 필요한 조치를 요구하지 않는 소방안전관리자, 소방안전관리자를 선임하지 아니한 자, 소방안전관리자에게 불이익한 처우를 한 관계인에게는 300만원 이하의 벌금에 처한다.

답 ②

② 과태료 등

300만원 이하 과태료	① 화재의 예방조치 등 규정을 위반하여 화기취급 등을 한 자 ② 소방안전관리자를 겸한 자 ③ 건설현장 소방안전관리대상물의 소방안전관리자의 업무를 하지 아니한 경우(1차 – 100만원/2차 – 20만원/3차 이상 – 300만원) ④ 소방안전관리업무를 하지 아니한 특정소방대상물의 관계인 또는 소방안전관리대상물의 소방안전관리자 ⑤ 피난유도 안내정보를 제공하지 아니한 자 ⑥ 소방훈련 및 교육을 하지 아니한 자
200만원 이하 과태료	① 기간 내에 선임신고를 하지 아니하거나 소방안전관리자의 성명 등을 게시하지 아니한 자 ② 기간 내에 건설현장 소방안전관리자 선임신고를 하지 아니한 자 ③ 기간 내에 소방훈련 및 교육 결과를 제출하지 아니한 자 (1차 – 50만원/2차 – 100만원/3차 – 200만원)
100만원 이하 과태료	실무교육을 받지 아니한 소방안전관리자 및 소방안전관리보조자(50만원)

3 소방시설 설치 및 관리에 관한 법률

KEY POINT

1 총칙 [2급] [3급]

◾ 목적

① 특정소방대상물에 설치하여야 하는 소방시설등의 설치·관리
② 소방용품 성능관리에 필요한 사항을 규정함
③ 국민의 [생]명·[신]체 및 [재]산을 [보]호하고 [공]공의 안전과 [복]리증진에 이바지함

암기노트 ✎

[생]·[신]·[재]·[보]
[공]·[복]

◾ 용어의 정의

소방시설	소화설비·경보설비·피난구조설비·소화용수설비·소화활동설비로서 대통령령으로 정하는 것
특정소방대상물	소방시설을 설치하여야 하는 소방대상물로서 대통령령이 정하는 것
무창층	지상층 중 다음의 요건을 모두 갖춘 개구부(건축물에서 채광·환기·통풍 또는 출입 등을 위하여 만든 창·출입구, 그 밖에 이와 비슷한 것을 말한다)의 면적의 합계가 해당 층의 바닥면적의 **30분의 1** 이하가 되는 층 ㉠ 크기는 지름 **50cm** 이상의 원이 통과할 수 있는 크기일 것 ㉡ 해당 층의 바닥면으로부터 개구부 밑부분까지의 높이가 **1.2m** 이내일 것 ㉢ 도로 또는 차량이 진입할 수 있는 **빈터**를 향할 것 ㉣ 화재 시 건축물로부터 **쉽게** 피난할 수 있도록 창살이나 그 밖의 장애물이 설치되지 아니할 것 ㉤ 내부 또는 외부에서 **쉽게** 부수거나 열 수 있을 것
피난층	곧바로 지상으로 갈 수 있는 출입구가 있는 층

암기노트 ✎

• 30분의 1
• 50cm
• 1.2m

핵심기출문제

다음은 무창층의 정의에 대한 내용 중 일부이다. 밑줄 친 다음 요건에 해당하는 내용으로 옳지 않은 것은?

> "무창층"이란 지상층 중 다음 요건을 모두 갖춘 개구부(건축물에서 채광·환기·통풍 또는 출입 등을 위하여 만든 창·출입구, 그 밖에 이와 비슷한 것)의 면적의 합계가 해당 층의 바닥면적의 30분의 1 이하가 되는 층을 말한다.

① 크기는 지름 50cm 이상의 원이 통과할 수 있을 것
② 해당 층의 바닥면으로부터 개구부 밑부분까지의 높이가 1.5m 이내일 것
③ 도로 또는 차량이 진입할 수 있는 빈터를 향할 것
④ 화재 시 건축물로부터 쉽게 피난할 수 있도록 창살이나 그 밖의 장애물이 설치되지 않을 것

해설 해당 층의 바닥면으로부터 개구부 밑부분까지의 높이가 1.2m 이내일 것이다.

답 ②

2　소방시설등의 설치 관리 및 방염　2급 3급

■ 특정소방대상물에 설치하는 소방시설의 관리 등

(1) 소방시설의 관리 등

① 특정소방대상물의 관계인은 대통령령으로 정하는 소방시설을 화재안전기준에 따라 설치·관리하여야 한다. 이 경우 장애인등이 사용하는 경보설비 및 피난구조설비는 대통령령으로 정하는 바에 따라 장애인등에 적합하게 설치·관리하여야 한다.

② 특정소방대상물의 관계인은 소방시설을 설치·관리하는 경우 화재 시 소방시설의 기능과 성능에 지장을 줄 수 있는 **폐쇄(잠금 포함)·차단** 등의 행위를 하여서는 아니된다(다만, 소방시설의 점검·정비를 위한 폐쇄·차단은 가능).

③ 소방청장은 특정소방대상물의 관계인이 소방시설의 점검·정비를 위하여 폐쇄·차단을 하는 경우 안전을 확보하기 위하여 필요한 행동요령에 관한 지침을 마련하여 고시하여야 한다.

④ **소방청장, 소방본부장** 또는 **소방서장**은 소방시설의 작동정보 등을 실시간으로 수집·분석할 수 있는 소방시설정보관리시스템을 구축·운영할 수 있다.

(2) 주택에 설치하는 소방시설

단독주택 및 공동주택(아파트 및 기숙사 제외)의 소유자는 소화기 및 단독경보형 감지기를 설치하여야 한다.

■ 방염

① 방염기준

　　㉠ 방염성능기준 이상의 실내장식물 등을 설치하여야 할 장소

　　　　ⓐ 근린생활시설 중 [의][원], 치과의원, 한의원 조산원, 산후조리원, 체력단련장, 공[연]장 및 종교[집]회장

　　　　ⓑ 건축물의 옥내에 있는 시설 중 종[교]시설, [운]동시설(**수영장** 제외), 문[화] 및 집[회]시설,

　　　　ⓒ [의]료시설, 교육연구시설 중 [합]숙소

　　　　ⓓ [노]유자 시설 및 숙박이 가능한 수[련]시설, 숙박시설

　　　　ⓔ 방송통신시설 중 방송국 및 촬영소

　　　　ⓕ [다]중이용업소

　　　　ⓖ 건축물의 층수가 [11층] 이상인 것(아파트 제외)

📖 핵심기출문제

다음 중 방염성능기준 이상의 실내장식물 등을 설치하여야 할 장소가 아닌 것은?

① 4층 빌라　　　　　　　② 요양병원

③ 방송국　　　　　　　　④ 합숙소

해설 아파트를 제외한 건물 층수가 **11층 이상**인 것만 해당된다.

답 ①

ⓛ 방염대상 물품

구 분	대 상
제조 또는 가공 공정에서 방염처리를 한 물품	① 창문에 설치하는 커튼류(블라인드 포함) ② 카펫, 벽지류(두께가 2mm 미만인 종이벽지 제외) ③ 전시용 합판·목재 또는 섬유판, 무대용 합판·목재 또는 섬유판(불가피하게 설치 현장에서 방염처리한 합판·목재류 포함) ④ 암막·무대막(스크린과 가상체험 체육시설업에 설치하는 스크린 포함) ⑤ 섬유류 또는 합성수지류 등을 원료로 하여 제작된 소파·의자(단란주점영업, 유흥주점영업 및 노래연습장업의 영업장에 한함)
건축물 내부의 천장이나 벽에 부착하거나 설치하는 것[가구류(옷장, 찬장, 식탁, 식탁용 의자, 사무용 책상, 사무용 의자, 계산대 및 그 밖에 이와 비슷한 것을 말한다. 이하 이 조에서 같다)와 너비 10cm 이하인 반자돌림대 등, 내부마감재료는 제외]	① 종이류(두께 2mm 이상)·합성수지류 또는 섬유류를 주원료로 한 물품 ② 합판이나 목재 ③ 공간을 구획하기 위하여 설치하는 간이 칸막이 ④ 흡음재(흡음용 커튼 포함) 또는 방음재(방음용 커튼 포함)

ⓒ 방염처리된 제품의 사용을 권장할 수 있는 경우
　　ⓐ 다중이용업소·의료시설·노유자 시설·숙박시설 또는 장례식장에서 사용하는 침구류·소파 및 의자
　　ⓑ 건축물 내부의 천장 또는 벽에 부착하거나 설치하는 가구류

핵심기출문제

방염처리된 제품의 사용을 권장할 수 있는 경우가 아닌 것은?

① 의료시설에서 사용하는 침구류
② 노유자 시설에서 사용하는 소파
③ 종교집회장에서 사용하는 의자
④ 숙박시설에서 사용하는 침구류

해설 종교집회장에서 사용하는 의자는 해당되지 않는다.

답 ③

📝 **암기노트**
카·2·커·합·섬·막·소(쓰)·자

ㄹ 방염처리 물품의 성능검사

구분		내용
선처리물품	실시기관	한국소방산업기술원
	검사방법	표본추출하여 실시
	합격표시	방염성능검사 합격표시 부착
현장처리물품	실시기관	시·도지사(관할소방서장)
	검사방법	표본을 제출받아 실시
	합격표시	방염성능검사 확인표시 부착

핵심기출문제

다음 중 현장처리물품의 방염성능검사권자는?

① 중앙소방본부장   ② 소방청장

③ 지방소방본부장   ④ 관할소방서장

해설 현장처리물품의 방염성능검사권자는 **관할소방서장**이다.

답 ④

방염성능검사 합격표시방법

구분		색채	검인	글자
카펫, 소파·의자, 섬유판		백색바탕	남색	남색
합성수지 벽지류(비닐벽지, 인테리어필름, 천연재료벽지), 합성수지 시트		은색바탕	검정색	검정색
합판, 목재, 합성수지판, 목재 블라인드		금색바탕	검정색	검정색
섬유류	세탁가능	은색바탕	검정색	검정색
	세탁불가	투명바탕	검정색	검정색

3 소방시설등의 자체점검 [2급] [3급]

■ 소방시설등의 자체점검

(1) 종류

작동점검		소방시설등을 인위적으로 조작하여 정상적으로 작동하는지를 소방시설등 작동점검표에 따라 점검
종합 점검	최초점검	해당 특정소방대상물의 소방시설등이 신설된 경우 건축물을 사용할 수 있게 된 날부터 **60일 이내** 하는 점검
	그 밖의 종합점검	최초점검을 제외한 종합점검

(2) 점검대상 및 기술인력

점검구분	점검대상	점검기술인력
작동점검	① 간이스프링클러설비 or 자동화재탐지설비 설치된 경우	**관계인**, 소방시설관리사, 특급점검자, 소방기술사
	①을 제외한 경우	소방시설관리사, 소방기술사
작동점검 제외	① 소방안전관리자를 선임하지 않는 대상 ② **위험물**제조소등 ③ **특급** 소방안전관리대상물	
종합점검	① 소방시설등이 신설된 경우 ② 스프링클러설비가 설치된 경우 ③ 물분무등소화설비가 설치된 5,000m² 이상인 경우 ④ 다중이용업의 영업장이 설치된 2,000m² 이상인 경우 ⑤ **제연설비가 설치된 터널** ⑥ 옥내소화전설비 또는 자동화재탐지설비가 설치된 연면적 1,000m² 이상의 공공기관	소방시설관리사, 소방기술사

(3) 점검 횟수 및 시기

작동점검	연 1회 이상 실시 ① 종합점검 대상 : 종합점검을 받은 달부터 **6개월이 되는 달**에 실시 ② 종합점검 대상 × : **사용승인일이 속하는 달**의 말일까지 실시
종합점검	연 1회 이상(특급 반기에 1회 이상) ① **신설**된 경우 : 건축물을 사용할 수 있게 된 날부터 **60일 이내** ② ①을 제외한 특정소방대상물 : **건축물의 사용승인일이 속하는 달**에 실시(단, 학교의 경우 해당 건축물의 사용승인일이 1월에서 6월 사이에 있는 경우 6월 30일까지 실시) ③ 건축물 사용승인일 이후 다중이용업소에 따라 종합점검 대상에 해당하게 된 때에는 그 다음 해부터 실시 ④ 하나의 대지경계선 안에 **2개 이상의 자체점검 건축물** 등이 있는 경우 : **사용승인일이 가장 빠른** 연도의 건축물의 사용승인일을 기준으로 점검

점검시기 흐름도

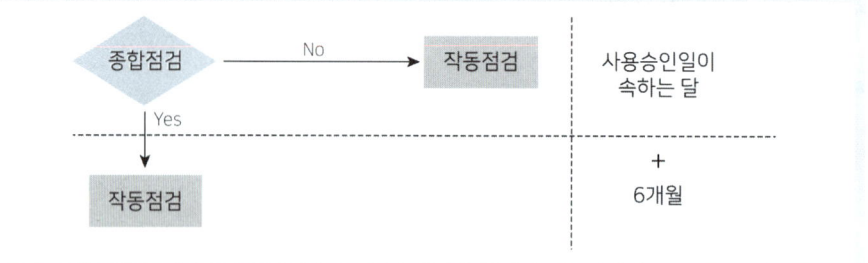

핵심기출문제

다음은 □□건물의 개요이다. 2024년 소방시설등 자체점검 계획으로 가장 적합한 것은? (아래 조건을 제외한 것은 무시한다)

○ 주용도 : 업무시설
○ 층수 : 지하 3층, 지상 6층
○ 연면적 : 5,960m²
○ 사용승인일 : 2000.3.15.
○ 소방시설 설치현황 : 소화기, 옥내소화전설비, 유도등, 자동화재탐지설비, 비상방송설비, 비상조명등

① 소방시설관리업자로 하여금 3월 중 종합점검만 실시하도록 계획한다.
② 소방시설관리업자로 하여금 3월 중 작동점검만 실시하도록 계획한다.
③ 소방시설관리업자로 하여금 3월 중 작동점검, 9월 중 종합점검을 실시하도록 한다.
④ 소방시설관리업자로 하여금 3월 중 종합점검, 9월 중 작동점검을 실시하도록 한다.

해설 옥내소화전설비만 설치된 위 건물은 작동점검대상으로 3월 중 작동점검만 실시하도록 계획하면 된다.

답 ②

(4) 자체점검 결과의 조치 등
① 관계인은 자체점검 결과 중대위반사항이 발견된 경우에는 지체 없이 수리 등 필요한 조치를 해야 한다.

중대위반사항

　㉠ 소화펌프(가압송수장치 포함), 동력·감시 제어반 또는 소방시설용
　　전원(비상전원 포함)의 고장으로 소방시설이 작동하지 않는 경우
　㉡ 화재 수신기의 고장으로 화재경보음이 울리지 않거나 화재 수신기와
　　연동된 소방시설의 작동이 불가능한 경우
　㉢ 소화배관 등이 폐쇄·차단되어 소화수 또는 소화약제가 자동 방출되
　　지 않는 경우
　㉣ 방화문 또는 자동방화셔터가 훼손되거나 철거되어 본래의 기능을 못
　　하는 경우

② 관리업자등은 자체점검 결과 중대위반사항을 발견한 경우 즉시 관계
　인에게 알려야 하며, 관계인은 지체 없이 수리 등 필요한 조치를 해
　야 한다.
③ 관리업자등은 자체점검을 실시한 경우에는 그 점검이 끝난 날부터
　10일 이내에 소방시설등 자체점검 결과보고서에 소방시설등점검표
　를 첨부하여 관계인에게 제출해야 한다.
④ 관계인은 자체점검 결과를 소방시설등에 대한 수리·교체·정비에
　관한 이행계획(중대위반사항에 대한 조치사항 포함)을 첨부하여 소
　방본부장 또는 소방서장에게 보고해야 한다.
⑤ 관계인은 점검이 끝난 날부터 15일 이내에 소방시설등 자체점검 실
　시결과 보고서에 다음 서류를 첨부하여 소방본부장 또는 소방서장에
　게 서면이나 소방청장이 지정하는 전산망을 통하여 보고해야 한다.
　㉠ 점검인력 배치확인서(관리업자가 점검한 경우에만 해당)
　㉡ 소방시설등의 자체점검 이행계획서
⑥ 자체점검 실시결과 보고서는 점검이 끝난 날부터 2년간 자체 보관
　해야 한다.
⑦ 이행계획서를 보고받은 소방본부장 또는 소방서장은 이행계획의 완
　료 기간을 정하여 관계인에게 통보해야 한다(규모 또는 절차가 복잡
　하여 기간 내에 이행을 완료하기 어려운 경우에는 그 기간을 달리
　정할 수 있음).
　㉠ 소방시설등을 구성하고 있는 기계·기구를 수리하거나 정비하는
　　경우 : 보고일부터 10일 이내
　㉡ 소방시설등의 전부 또는 일부를 철거하고 새로 교체하는 경우 :
　　보고일부터 20일 이내
⑧ 이행계획을 완료한 관계인은 이행을 완료한 날부터 10일 이내에서
　소방시설등의 자체점검 결과 이행완료 보고서에 다음 서류를 첨부하
　여 소방본부장 또는 소방서장에게 제출해야 한다.
　㉠ 이행계획 건별 전·후 사진 증명자료
　㉡ 소방시설공사 계약서

⑨ 자체점검결과 보고를 마친 관계인은 보고한 날부터 **10일** 이내에 소방시설등 자체점검 기록표를 작성하여 특정소방대상물의 출입자가 쉽게 볼 수 있는 장소에 **30일 이상** 게시해야 한다.

자체점검 결과의 조치 등 흐름도

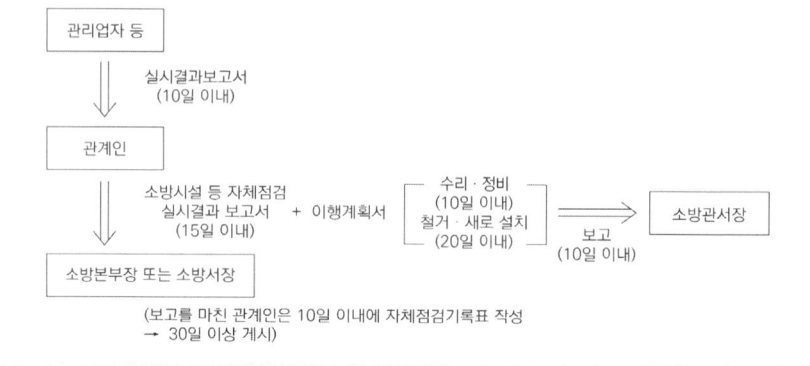

4 벌칙	2급 3급

5년 이하 징역 또는 5천만원 이하 벌금	소방시설에 폐쇄·차단 등의 행위를 한 자 **가중처벌** • 상해에 이르게 한 때 : 7년 이하 징역 또는 7천만원 이하 벌금 • 사망에 이르게 한 때 : 10년 이하 징역 또는 1억원 이하 벌금
3년 이하 징역 또는 3천만원 이하 벌금	① 소방시설이 화재안전기준에 따라 설치·관리되고 있지 아니할 때 관계인에게 필요한 조치명령을 정당한 사유 없이 위반한 자 ② 피난시설, 방화구획 및 방화시설의 유지·관리를 위하여 필요한 조치 명령을 정당한 사유 없이 위반한 자 ③ 소방시설 자체점검 결과에 따른 이행계획을 완료하지 않아 필요한 조치의 이행 명령을 하였으나, 명령을 정당한 사유 없이 위반한 자
★ 1년 이하 징역 또는 1천만원 이하 벌금	소방시설등에 대하여 스스로 점검을 하지 아니하거나 관리업자등으로 하여금 정기적으로 점검하게 하지 아니한 자
300만원 이하 벌금	자체점검 결과 소화펌프 고장 등 중대위반사항이 발견된 경우 필요한 조치를 하지 않은 관계인 또는 관계인에게 중대위반사항을 알리지 아니한 관리업자 등

300만원 이하 과태료	① 소방시설을 화재안전기준에 따라 설치 · 관리하지 아니한 자 ② 공사현장에 임시소방시설을 설치 · 관리하지 아니한 자 ③ **피난시설, 방화구획 또는 방화시설을 폐쇄 · 훼손 · 변경 등의 행위를 한 자 ★** 1차 - 100만원, 2차 - 200만원, 3차 - 300만원 ④ 방염대상물품을 방염성능기준 이상으로 설치하지 아니한 자 ⑤ 관계인에게 점검 결과를 제출하지 아니한 관리업자등 ⑥ 점검결과를 보고하지 아니하거나 거짓으로 보고한 관계인 ⑦ 자체점검 이행계획을 기간 내에 완료하지 아니한 자 또는 이행계획 완료 결과를 보고하지 아니하거나 거짓으로 보고한 관계인 ⑧ 점검기록표를 기록하지 아니하거나 특정소방대상물의 출입자가 쉽게 볼 수 있는 장소에 게시하지 아니한 관계인

핵심기출문제

소방시설에 폐쇄 · 차단 등의 행위를 하여 사람을 상해에 이르게 한 경우 처벌로 맞는 것은?

① 10년 이하의 징역 또는 1억원 이하의 벌금
② 7년 이하의 징역 또는 7천만원 이하의 벌금
③ 5년 이하의 징역 또는 5천만원 이하의 벌금
④ 3년 이하의 징역 또는 3천만원 이하의 벌금

해설 소방시설에 폐쇄 · 차단 등의 행위를 하여 사람을 상해에 이르게 한 자는 7년 이하의 징역 또는 7천만원 이하의 벌금에 처한다.

답 ②

4 건축관계법령

1 총칙 _{2급}

■ 건축법의 목적

건축물의 대지·구조·설비 기준 및 용도 등을 정하여 건축물의 안전·기능·환경 및 미관을 향상시킴으로써 공공복리의 증진에 이바지함을 목적으로 한다.

> **핵심기출문제**
>
> 다음 중 건축법의 목적으로 볼 수 없는 것은?
> ① 건축물의 대지·구조 및 설비의 기준을 정함
> ② 건축물의 용도 등을 정함
> ③ 건축물의 안전·기능 및 미관을 향상시킴
> ④ 공공의 안녕 및 질서 유지와 복리증진에 이바지함
>
> > **해설** **건축법의 목적**
> > 건축물의 대지·구조·설비 기준 및 용도 등을 정하여 건축물의 안전·기능 및 미관을 향상시킴으로써 공공복리의 증진에 이바지함을 목적으로 한다.
> >
> > **답** ④

■ 건축물의 방화안전 개념

방화구획	방화벽으로 건축물 내부를 구획 ① 일정구역으로 화재의 확산을 제한 ② 연기의 확산은 제연을 시행하도록 소방관계법에 위임 ③ 소화 작업 및 피난시간을 일정시간 확보
실내 마감재	방화구획과 피난계단, 지상으로 통하는 주된 복도는 일정시간 화재의 확산을 방지토록 불연재, 준불연재료, 난연재료를 실내 마감재로 사용한다.
내화구조	화재 시 일정시간 건축물의 강도를 유지하기 위해 주요구조부와 지붕은 내화구조로 한다.
피난	대피공간, 발코니, 복도, 직통계단, 피난계단, 특별피난계단의 구조·치수 등을 규정한다.

■ 건축법과 소방관계법의 관계

건축법	화재의 발생방지(마감재), 화재의 확산의 한계(방화구획), 화재 시 내화강도 유지(내화구조), 피난통로 확보를 규정	하드웨어적 개념
소방시설 설치 및 관리에 관한 법률	피난과 소화거점의 확보를 위한 제연으로부터 소화설비, 소화활동설비, 경보설비 등으로 구성	소프트웨어적 개념

핵심기출문제

다음 중 건축관계법령에서 규정하고 있는 것을 모두 고르면?

ⓒ 방화구획 – 화재의 확산을 일정 구역으로 제한
ⓒ 실내 마감재 – 일정시간 화재의 확산을 방지
ⓒ 내화구조 – 화재 시 일정시간 건축물의 강도를 유지
ⓒ 피난 – 대피공간, 발코니, 직통계단, 피난계단, 특별피난계단의 구조·치수 규정
ⓒ 제연설비 – 연기의 확산 방지

① ㉠, ㉡
② ㉠, ㉡, ㉢
③ ㉠, ㉡, ㉢, ㉣
④ ㉠, ㉡, ㉢, ㉣, ㉤

[해설] 연기의 확산을 막기 위한 제연설비는 소방관계법에 위임되어 있고 나머지 ㉠㉡㉢㉣은 건축관계법령에서 규정한다.

[답] ③

■ 용어의 정의

① 건축물

토지에 정착(定着)하는 공작물 중 **지붕과 기둥 또는 벽이 있는 것**(지붕+기둥, 지붕+기둥+벽)과 이에 부수되는 시설물, 지하나 고가(高架)의 공작물에 설치하는 사무소·공연장·점포·차고·창고, 그 밖에 대통령령으로 정하는 것을 말한다.

핵심기출문제

다음 중 건축물에 해당하지 않는 것은?

① 기둥과 벽이 있는 것
② 건축물에 부수되는 시설물
③ 지하 공작물에 설치하는 차고
④ 고가의 공작물에 설치하는 점포

해설 지붕과 기둥, 지붕과 벽이 있는 것(**지붕+기둥, 지붕+기둥+벽**)이어야 한다.

답 ①

---

② 건축설비

건축물에 설치하는 전기·전화 설비, 초고속 정보통신 설비, 지능형 홈네트워크 설비, 가스·급수·배수(配水)·배수(排水)·환기·난방·냉방·소화(消火)·배연(排煙) 및 오물처리의 설비, 굴뚝, 승강기, 피뢰침, 국기 게양대, 공동시청 안테나, 유선방송 수신시설, 우편함, 저수조(貯水槽), 방범시설, 그 밖에 국토교통부령으로 정하는 설비를 말한다.

③ 지하층

건축물의 바닥이 지표면(G.L) 아래에 있는 층으로서 그 바닥으로부터 지표면까지 평균높이가 해당 층 높이의 **2분의 1 이상**인 것을 말한다.

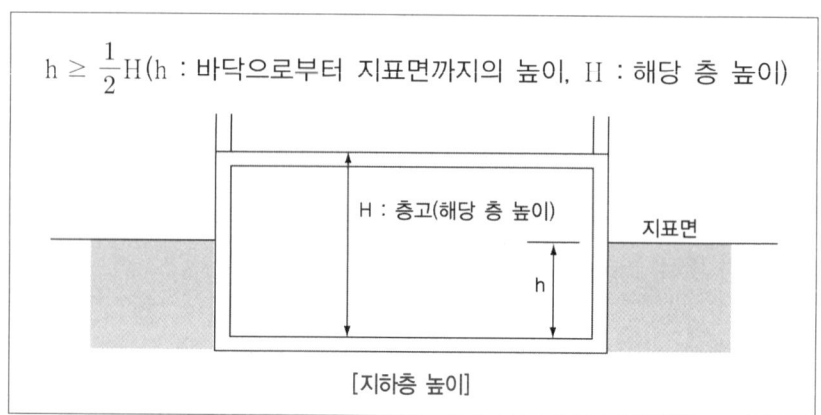

$h \geq \dfrac{1}{2}H$(h : 바닥으로부터 지표면까지의 높이, H : 해당 층 높이)

H : 층고(해당 층 높이)

지표면

h

[지하층 높이]

④ 거실

건축물 안에서 거주, 집무, 작업, 집회, 오락 등의 목적을 위하여 사용되는 방을 말한다.

⑤ 주요구조부

건축물의 구조상 주요부분인 내력벽(耐力壁), 기둥, 바닥, 보, 지붕틀 및 주계단(主階段)을 말하며 건축물의 안전에 결정적인 역할을 담당하는 것이다. 주요구조부는 방화적 제한을 일괄하여 사용하기 위한 용어로서 건축물의 구조상 중요하지 않은 부분인 사잇기둥, 최하층 바닥, 작은 보, 차양, 옥외계단, 그 밖에 이와 유사한 부분은 제외한다.

주요구조부	주요구조부가 아닌 것
지붕틀	사잇기둥
내력벽	**최하층 바닥**
보	작은보
기둥	차양
바닥	옥외계단
주계단	그 밖에 이와 유사한 부분

구조내력 등

건축물은 고정하중 · 적재하중 · 적설하중 · 풍압 · 지진 기타의 진동 및 충격 등에 대하여 안전한 구조를 가져야 한다.

핵심기출문제

건축물의 주요구조부가 아닌 것은?

① 내력벽　　　　　　　② 기둥

③ 최하층 바닥　　　　　④ 주계단

해설 주요구조부란 건축물의 구조상 주요부분인 내력벽 · 기둥 · 바닥 · 보 · 지붕틀 및 주계단을 말한다.

답 ③

⑥ 건축

신축	**건축물이 없는** 대지(기존 건축물이 철거 또는 멸실된 대지를 포함한다)에 새로 건축물을 축조하는 것(부속건축물만 있는 대지에 새로 주된 건축물을 축조하는 것을 포함하되, 개축 또는 재축하는 것은 제외한다)을 말한다.
증축	**기존 건축물이 있는** 대지 안에서 건축물의 건축면적, 연면적, 층수 또는 높이를 증가시키는 것을 말한다. 즉 기존 건축물이 있는 대지에 건축하는 것은 기존 건축에 붙여서 건축하거나 별동으로 건축하거나 관계없이 증축에 해당한다.
개축	건축물의 전부 또는 일부(내력벽·기둥·보·지붕틀 중 3개 이상이 포함되는 경우를 말한다)를 **해체**하고 그 대지에 **종전과 같은** 규모의 범위 안에서 건축물을 다시 축조하는 것을 말한다.
재축	건축물이 **천재지변**이나 그 밖의 **재해로 멸실**된 경우 그 대지 안에 다음의 요건을 모두 갖추어 다시 축조하는 것을 말한다. ㉠ 연면적 합계는 종전 규모 이하로 할 것 ㉡ 동수, 층수 및 높이는 다음의 어느 하나에 해당할 것 　ⓐ 동수, 층수 및 높이가 모두 종전 규모 이하일 것 　ⓑ 동수, 층수 또는 높이의 어느 하나가 종전 규모를 초과하는 경우에는 해당 동수, 층수 및 높이가 건축법령 등에 모두 적합할 것
이전	건축물의 주요구조부를 **해체하지 아니하고** 동일한 대지 안의 다른 위치로 옮기는 것을 말한다.
리모델링	건축물의 **노후화**를 억제하거나 **기능 향상** 등을 위하여 대수선하거나 건축물의 일부를 증축 또는 개축하는 행위를 말한다.

핵심기출문제

다음 중 건축에 대한 내용으로 타당하지 않은 것은?

① 부속 건축물만 있는 대지에 주된 건축물을 축조하는 것은 증축에 해당한다.
② 기존 건축물이 있는 대지에 담장을 축조하는 것은 증축에 해당한다.
③ 내력벽·기둥·보·지붕틀 중 3개 이상을 해체하고 그 대지 안에 종전과 동일한 규모의 건축물을 다시 축조하는 것은 개축에 해당한다.
④ 재축은 재해에 의하여 멸실된 축조물을 다시 축조하는 것이다.

해설 부속 건축물만 있는 대지에 주된 건축물을 축조하는 것은 신축에 해당한다.

답 ①

⑦ 대수선

건축물의 기둥, 보, 내력벽, 주계단 등의 구조나 외부형태를 수선·변경하거나 증설하는 것으로서 대통령령으로 정하는 것을 말한다. 증축·개축 또는 재축에 해당하지 아니하는 것을 말한다.

㉠ 내력벽을 증설 또는 해체하거나 그 벽면적을 30m² 이상 수선 또는 변경하는 것

㉡ 기둥을 증설 또는 해체하거나 3개 이상 수선 또는 변경하는 것

㉢ 보를 증설 또는 해체하거나 3개 이상 수선 또는 변경하는 것

㉣ 지붕틀(한옥의 경우에는 지붕틀의 범위에서 서까래는 제외한다)을 증설 또는 해체하거나 3개 이상 수선 또는 변경하는 것

㉤ 방화벽 또는 방화구획을 위한 바닥 또는 벽을 증설 또는 해체하거나 수선 또는 변경하는 것

㉥ 주계단·피난계단 또는 특별피난계단을 증설 또는 해체하거나 수선 또는 변경하는 것

㉦ 다가구주택의 가구 간 경계벽 또는 다세대주택의 세대 간 경계벽을 증설 또는 해체하거나 수선 또는 변경하는 것

㉧ 건축물의 외벽에 사용하는 마감재료(법 제52조제2항)를 증설 또는 해체하거나 벽면적 30m² 이상 수선 또는 변경하는 것

핵심기출문제

다음 중 대수선에 해당하지 않는 것은?

① 기둥을 3개 이상 수선하는 경우

② 보를 3개 이상 변경하는 경우

③ 지붕틀을 2개 이상 교체하는 경우

④ 내력벽의 면적 30m² 이상 수선하는 경우

해설 지붕틀을 3개 이상 교체하는 경우 대수선에 해당한다.

답 ③

---

⑧ 구조

내화구조	화재에 견딜 수 있는 성능을 가진 철근콘크리트조·연와조 기타 이와 유사한 구조로서 화재 시에 일정시간 동안 **형태**나 **강도** 등이 **크게 변하지 않는** 구조를 말하는 것으로 내화구조는 대체로 화재 후에도 재사용이 가능한 정도의 구조를 말한다.
방화구조	철망모르타르 바르기·회반죽 바르기 등 **화염**의 **확산을 막을 수 있는** 성능을 가진 구조를 말한다. 방화성능을 내화구조보다 떨어지나 인접 건축물 화재에 의한 연소방지와 건물 내에 화재확산을 방지하기 위한 구조이다.

핵심기출문제

다음 중 건축관계법령에 따른 내용으로 옳지 않은 것은?

① 거실이란 건축물 안에서 거주, 집무, 작업, 집회, 오락 등의 목적을 위하여 사용되는 방을 말한다.

② 지하층이란 건축물의 바닥이 지표면 아래에 있는 층으로서 그 바닥으로부터 지표면까지의 평균 높이가 해당 층 높이의 1/2 이상인 것을 말한다.

③ 내화구조란 철망모르타르 바르기·회반죽바르기 등 화염의 확산을 막을 수 있는 성능을 가진 구조를 말한다.

④ 주요구조부란 건축물의 구조상 주요 부분인 내력벽·기둥·바닥·보·지붕틀 및 주계단을 말한다.

> **해설** 내화구조란 화재에 견딜 수 있는 성능을 가진 철근콘크리트조·연와조 기타 이와 유사한 구조로서 화재 시 일정시간 동안 형태나 강도 등이 크게 변하지 않는 구조를 말한다. ③은 방화구조에 대한 내용이다.
>
> **답** ③

⑨ 재료구분

불연재료	⊙ 콘크리트·석재·벽돌·기와·철강·알루미늄·유리·시멘트모르타르 및 회. 이 경우 시멘트모르타르 또는 회 등 미장재료를 사용하는 경우에는 「건설기술 진흥법」 제44조제1항제2호에 따라 제정된 건축공사표준시방서에서 정한 두께 이상인 것에 한한다. ⓒ 「산업표준화법」에 따른 한국산업표준에서 정하는 바에 따라 시험한 결과 질량감소율 등이 국토교통부장관이 정하여 고시하는 불연재료의 성능기준을 충족하는 것 ⓒ 그 밖에 ⊙과 유사한 불연성의 재료로서 국토교통부장관이 인정하는 재료. 다만, 위 ⊙의 재료와 불연성재료가 아닌 재료가 복합으로 구성된 경우를 제외한다.
준불연재료	불연재료에 준하는 성질을 가진 재료로서 「산업표준화법」에 의한 한국산업표준에서 정하는 바에 따라 시험한 결과 가스유해성, 열방출량 등이 국토교통부장관이 정하여 고시하는 준불연재료의 성능기준을 충족하는 것을 말한다.
난연재료	불에 잘 타지 아니하는 성질을 가진 재료로서 「산업표준화법」에 의한 한국산업표준에서 정하는 바에 따라 시험한 결과 가스유해성, 열방출량 등이 국토교통부장관이 정하여 고시하는 난연재료의 성능기준을 충족하는 것을 말한다.

2 | 면적 · 높이 · 층수 등의 산정 및 제한 [2급]

■ **면적의 산정**

건축면적	건축물의 **외벽**(외벽이 없는 경우에는 외곽 부분의 기둥을 말한다. 이하 이 호에서 같다)의 중심선으로 둘러싸인 부분의 수평투영면적으로 한다.
바닥면적	건축물의 **각 층 또는 그 일부**로서 벽, 기둥, 그 밖에 이와 비슷한 **구획**의 중심선으로 둘러싸인 부분의 수평투영면적으로 한다.
연면적	하나의 건축물 **각 층**의 **바닥면적**의 **합계**로 한다. 다만, 용적률을 산정할 때에는 지하층의 면적, 지상층의 주차용(해당 건축물의 부속 용도인 경우만 해당한다)으로 사용되는 면적, 피난안전구역의 면적, 건축물의 경사지붕 아래에 설치하는 대피공간의 면적은 산입하지 아니한다.
건폐율	대지면적에 대한 **건**축면적(대지에 2 이상의 건축물이 있는 경우에는 이들 건축면적의 합계로 한다)의 비율을 말한다.
용적률	대지면적에 대한 **연**면적(대지에 건축물이 둘 이상 있는 경우에는 이들 연면적의 합계로 한다)의 비율

📖 핵심기출문제

다음 〈보기〉에서 설명하는 것은?

> **|보기|**
> 건축물의 각층 또는 그 일부로서 벽·기둥 기타 이와 유사한 구획의 중심선으로 둘러싸인 부분의 수평투영면적

① 건축면적 ② 바닥면적
③ 연면적 ④ 건폐율

해설 건축물의 **각층 또는 그 일부**로서 벽·기둥 기타 이와 유사한 구획의 중심선으로 둘러싸인 부분의 수평투영면적을 바닥면적이라고 한다.

답 ②

■ 높이의 산정 및 제한

원칙	건축물의 높이는 **지표면**으로부터 해당 건축물 상단까지의 높이로 한다.
제외되는 부분	㉠ 옥상부분(건축물의 옥상에 설치되는 승강기탑·계단탑·망루·장식탑·옥탑 등)으로서 그 수평투영면적의 합계가 해당 건축물 건축면적의 **1/8 이하**(「주택법」에 따른 사업계획승인 대상 공동주택으로 세대별 전용면적이 85m² 이하인 경우 1/6 이하)인 경우로서 그 부분의 높이가 12m를 넘는 경우에는 그 넘는 부분만 높이에 산입한다. ㉡ 옥상돌출물(지붕마루장식·굴뚝·방화벽·기타 이와 유사한 옥상돌출부)과 난간벽(그 벽면적의 1/2 이상이 공간으로 된 것에 한함)은 해당 건축물 높이에 산입하지 아니한다.

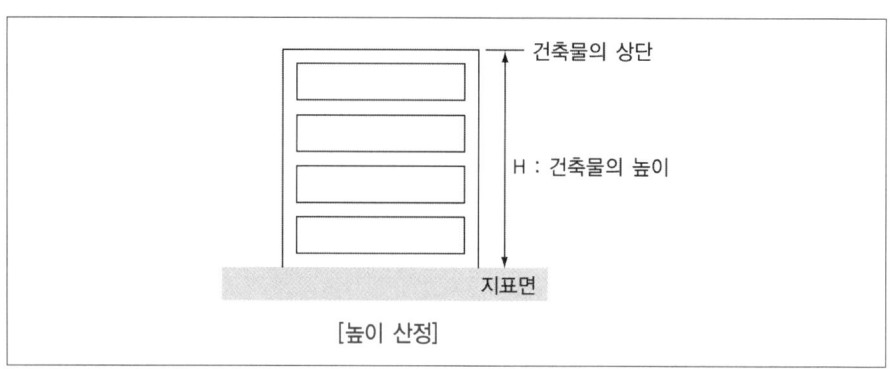

[높이 산정]

■ 층수의 산정 및 제한

층수 산정의 원칙	㉠ 건축물의 **지상층만**을 층수에 산입하며 건축물의 부분에 따라 층수를 달리하는 경우에는 그중에서 가장 많은 층수를 그 건축물의 층수로 본다. ㉡ 층의 구분이 명확하지 아니한 건축물은 높이 4m마다 하나의 층으로 산정한다.
층수 산정에서 제외되는 부분	㉠ 지하층 ㉡ 건축물의 옥상부분(승강기탑·계단탑·망루·장식탑·옥탑 기타 이와 유사한 것)으로서 수평투영면적의 합계가 건축물의 건축면적의 1/8 이하(사업계획승인 대상 공동주택으로 세대별 전용면적이 85m² 이하인 경우 1/6 이하)인 것

핵심기출문제

다음 중 건축물의 높이 및 층수 산정에 대한 설명으로 맞는 것은?

① 지하층은 층수 산정에 포함한다.

② 건축물의 높이는 지하층부터 해당 건축물 상단까지의 높이로 한다.

③ 층의 구분이 명확하지 아니한 건축물은 높이 3m마다 하나의 층으로 산정한다.

④ 건축물의 부분에 따라 층수를 달리하는 경우에는 그 중에서 가장 많은 층수를 그 건축물의 층수로 본다.

> **해설** ① 지하층은 층수 산정에 포함하지 않는다.
> ② 건축물의 높이는 지표면으로부터 해당 건축물 상단까지의 높이로 한다.
> ③ 층의 구분이 명확하지 아니한 건축물은 높이 4m마다 하나의 층으로 산정한다.
>
> **답** ④

3 방화문 · 자동방화셔터 `2급`

■ 방화문

구분	㉠ 60분+방화문 : 연기 및 불꽃을 차단할 수 있는 시간이 60분 이상이고, **열을 차단할 수 있는 시간이 30분 이상**인 방화문 ㉡ 60분 방화문 : 연기 및 불꽃을 차단할 수 있는 시간이 60분 이상인 방화문 ㉢ 30분 방화문 : 연기 및 불꽃을 차단할 수 있는 시간이 30분 이상 60분 미만인 방화문
구조	항상 닫혀 있는 구조 또는 화재발생 시 불꽃, 연기 및 열에 의하여 자동으로 닫히는 구조이어야 한다.

핵심기출문제

다음 중 방화문의 종류에 해당하지 않는 것은?

① 60분 + 방화문   ② 60분 방화문

③ 30분 + 방화문   ④ 30분 방화문

> **해설** 방화문은 60분 + 방화문, 60분 방화문, 30분 방화문 이렇게 3종류가 있다
>
> **답** ③

■ 자동방화셔터

정의	내화구조로 된 벽을 설치하지 못하는 경우 화재 시 연기 및 열을 감지하여 자동 폐쇄되는 셔터를 말한다.
설치	① 피난이 가능한 60분+ 방화문 또는 60분 방화문으로부터 **3m 이내**에 별도로 설치할 것 ② 전동방식이나 수동방식으로 개폐할 수 있을 것 ③ 불꽃감지기 또는 연기감지기 중 하나와 열감지기를 설치할 것 ④ **불꽃이나 연기**를 감지한 경우 **일부 폐쇄**되는 구조일 것 ⑤ **열**을 감지한 경우 **완전 폐쇄**되는 구조일 것
구조	① 자동방화셔터는 위(설치)의 구조를 가진 것이어야 하나, 수직방향으로 폐쇄되는 구조가 아닌 경우는 불꽃, 연기 및 열감지에 의해 완전폐쇄가 될 수 있는 구조여야 한다. ② 자동방화셔터의 상부는 상층 바닥에 직접 닿도록 하여야 하며, 그렇지 않은 경우 방화구획 처리를 하여 연기와 화염의 이동통로가 되지 않도록 하여야 한다.

PART 02

소방학
개론

1 연소이론

1 연소이론

■ 연소의 정의 2급 3급

① 연소란 '가연물이 공기 중의 산소 또는 산화제와 급격히 반응하여 열과 빛을 발생하면서 산화하는 현상'을 말한다.

② 반응을 일으키기 위해서는 활성화에너지(최소 점화에너지)가 필요하며 충격·마찰·자연발화·전기불꽃·정전기·고온표면·단열압축·적외선·충격파·낙뢰·불꽃·화학열 등에 의해 공급되고 있다.

■ 연소의 요소 2급 3급

연소의 4요소	가연성물질	기체·액체 및 고체상태	연소의 3요소
	산소	공기·오존·산화제·지연성가스	
	점화원	활성화에너지	
	화학적인 연쇄반응		

① 가연성 물질/불연성 물질

가연성 물질	유기화합물	탄소, 수소, 질소, 산소 등의 원소로 이루어진 화학물질
	금속/비금속	나트륨, 마그네슘 등
	가연성가스	LPG, LNG, CO 등
불연성 물질	불활성 기체	산소와 결합하지 못하는 기체 [헬륨(He), 네온(Ne), 아르곤(Ar) 등]
	완전산화물	산소와 화학반응을 일으킬 수 없는 물질 [물(H_2O), 이산화탄소(CO_2) 등]
	흡열반응물질	산소와 화합하여 흡열반응하는 물질 [질소(N_2), 질소산화물(NO_x) 등]
	자체가 연소하지 않는 물질	돌, 흙 등

핵심기출문제

다음 중 불연성물질만 고른 것은?

| ㉠ 헬륨, 네온, 아르곤 | ㉡ 물, 이산화탄소 |
| ㉢ 질소 또는 질소산화물 | ㉣ 돌, 흙 |

① ㉠ ② ㉠, ㉡

③ ㉠, ㉡, ㉢ ④ ㉠, ㉡, ㉢, ㉣

해설 ㉠은 불활성기체, ㉡은 산소와 화학반응을 일으킬 수 없는 물질, ㉢은 산소와 화합하여 흡열반응을 일으키는 물질, ㉣은 자체가 연소하지 않는 물질로 모두 불연성물질이다.

답 ④

암기노트

'작다'에 해당되는 것만 암기!

② 가연성 물질의 구비조건

클수록	작을수록
• 산소와의 친화력이 크다. • 연소열이 크다. • 비표면적(단위무게 당의 표면적)이 크다. • 건조도가 높다.	• 활성화(점화)에너지가 작다. • 열전도율이 작다.

핵심기출문제

다음 중 가연물의 구비조건이 아닌 것은?

① 건조도가 높다. ② 열전도율이 크다.

③ 활성화 에너지가 작다. ④ 비표면적이 크다.

해설 열전도율이 작다.

답 ②

③ 산소공급원

공기	• 공기 중의 산소는 약 21vol% 존재한다. 대부분의 실내화재에서 공기량이 적으면 가연물은 완전연소하지 않는다. • 일반 가연물인 경우 산소농도 15% 이하에서는 연소가 어렵다.
산화성물질	위험물 중 제1류(산화성고체 – 염소산염류, 과염소산염류, 무기과산화물, 질산염류, 과망가니즈산염류, 다이크로뮴산염류 등), 제6류(산화성액체 – 과염소산, 과산화수소, 질산 등) 위험물로서 가열·충격·마찰에 의해 산소를 발생시킨다.
자기반응성물질	분자 내에 가연물과 산소를 충분히 함유하고 있는 제5류(나이트로글리세린, 셀룰로이드, 트리나이트로톨루엔 등) 위험물이다.

핵심기출문제

다음 중 물질자체가 산소를 방출하는 물질은?

① 연소성물질　　　　　　② 산화성물질
③ 가연성물질　　　　　　④ 지연성물질

해설 물질자체가 산소를 방출하는 물질을 산화성물질이라 한다.

답 ②

④ 점화원

전기불꽃	㉠ 에너지 밀도가 높은 점화원이다. ㉡ 대부분 가연성 **기체**나 **증기**가 그 대상이 된다.
충격 및 마찰	마찰불꽃에 의하여 가연성 가스에 착화가 일어날 수 있다.
단열압축	기체를 높은 압력으로 압축하면 온도가 상승하고, 그 열에 의해 가연물을 착화시킬 수 있다.
불꽃 및 고온표면	㉠ 불꽃 : 항상 화염을 갖고 있는 열 또는 화기 ㉡ 고온표면 : 작업장의 화기, 가열로, 건조장치, 굴뚝, 전기·기계설비
정전기 불꽃	물체가 접촉하거나 결합한 후 떨어질 때 양(+)전하와 음(−)전하로 전하의 분리가 일어나 발생한 과잉전하가 물체(물질)에 축적되는 현상 ▶ **정전기 예방대책** 　㉠ 접지시설을 한다. 　㉡ 실내의 공기를 이온화한다. 　㉢ 습도를 70% 이상으로 한다. 　㉣ 전도체 물질을 사용한다.
자연발화	자체적으로 온도가 상승하여 발화하는 현상
복사열	물질에 따라 비교적 약한 복사열도 장시간 방사로 발화될 수 있다.

⑤ 연쇄반응

　㉠ 가연성물질과 산소 분자가 점화에너지(활성화에너지)를 받으면 불안정한 과도기적 물질로 나누어지면서 활성화되는데 이런 상태를 라디칼(radical)이라고 한다. 주변의 분자와 반응하여 공격하려는 성향(반응성)이 매우 강하다.

　㉡ 한 개의 라디칼이 주변의 분자를 공격하면 두 개의 라디칼이 만들어지는 분기반응을 하면서 라디칼의 수가 기하급수적으로 증가하는데 이를 '연쇄반응'이라고 한다. 연쇄반응으로 만들어지는 라디칼이 화염이 발생하는 연소를 주도한다.

　㉢ 일반적인 연소에서는 연소의 4요소가 적용되지만 무염연소(표면연소)에서는 연쇄반응이 빠진 3요소만이 적용되고, 따라서 무염연소에서는 연쇄반응으로 발생하는 라디칼을 흡착하여 없애는 억제소화는 효과가 없다.

| 2 | 연소용어 | 2급 |

인화점 (flash point)	• 연소범위에서 **외부의 직접적인 점화원**에 의해 인화될 수 있는 최저온도 예 디에틸에테르 -45℃ 이상에서 연소범위를 만들어 점화원에 의하여 인화 ▶ **액체가연물의 인화점** <table><tr><td>액체가연물질</td><td>인화점(℃)</td><td>액체가연물질</td><td>인화점(℃)</td></tr><tr><td>아세톤</td><td>-18.5</td><td>메틸알코올</td><td>11.11</td></tr><tr><td>휘발유</td><td>-43</td><td>에틸알코올</td><td>13</td></tr><tr><td>등유</td><td>39 이상</td><td>중유</td><td>70 이상</td></tr></table> • 인화현상은 **액체**와 **고체**에서 볼 수 있다. (액체 - 증발과정 / 고체 - 열분해과정)
발화점(착화점) (AIT : Auto-Ignition Temperature)	• 외부의 직접적인 **점화원 없이** 가열된 열의 축적에 의하여 발화에 이르는 최저의 온도 • 산소와의 친화력이 큰 물질일수록 발화점이 낮음 • 보통 인화점보다 수 백도가 높은 온도 ▶ **액체가연물의 발화점** <table><tr><td>물질</td><td>발화점(℃)</td></tr><tr><td>아세톤</td><td>465</td></tr><tr><td>휘발유</td><td>280~456</td></tr><tr><td>등유</td><td>210</td></tr><tr><td>중유</td><td>400 이상</td></tr><tr><td>메틸알코올</td><td>464</td></tr><tr><td>암모니아</td><td>651</td></tr></table>
연소점 (fire point)	• 연소상태가 계속될 수 있는 온도 • 일반적으로 인화점보다 대략 10℃ 정도 높은 온도로서 연소상태가 **5초 이상 유지**될 수 있는 온도 인화점 < 연소점 < 발화점

연소의 특성에 대한 설명으로 틀린 것은?

① 발화점은 외부로부터의 직접적인 에너지 공급 없이 착화가 되는 최고 온도를 말한다.

② 인화점은 낮을수록 위험하다.

③ 연소점은 일반적으로 인화점보다 대략 10℃ 정도 높다.

④ 점화에너지를 제거하여도 5초 이상 연소상태가 유지되는 온도를 연소점이라 한다.

해설 발화점은 외부로부터의 직접적인 에너지 공급 없이 착화가 되는 "최저 온도"를 말한다.

답 ①

■ 연소(폭발범위)

① **연소범위** : 가연성 혼합기가 연소(폭발)할 수 있는 범위

② 가연성 가스의 농도가 너무 희박해도, 너무 농후해도 연소는 일어나지 않음

③ 연소범위는 온도와 압력이 상승함에 따라 대개 확대되어 위험성이 증가함

가연성증기의 연소범위

기체 또는 증기	연소범위(vol%)	기체 또는 증기	연소범위(vol%)
수소	4.1~75	메틸알코올	6~36
아세틸렌	2.5~81	암모니아	15~28
중유	1~5	아세톤	2.5~12.8
등유	0.7~5	휘발유	1.2~7.6

다음 중 등유의 연소범위 내에 해당하는 것은?

① 4vol%

② 7vol%

③ 9.8vol%

④ 12vol%

해설 등유의 연소범위는 0.7~5vol%이다.

답 ①

화재이론

KEY POINT

화재의 정의 2급 3급

사람의 의도에 반하거나 고의 또는 과실에 의하여 발생하는 연소 현상으로서 소화할 필요가 있는 현상 또는 사람의 의도에 반하여 발생하거나 확대된 화학적 폭발현상을 말함

화재의 분류 2급 3급

일반화재 (A급 화재)	• 생활주변에 많이 존재하는 면화류, 고무, 석탄, 목재, 종이, 천 등의 일반가연물의 화재로서 물로 소화가 가능하다. • 다른 화재보다 발생건수가 월등히 많으며 연소 후 재를 남긴다. • 다량의 물 또는 수용액을 이용한 냉각소화가 적응성이 있다.
유류화재 (B급 화재)	• 인화성액체, 가연성액체, 알코올 등과 같은 유류가 타는 화재를 말한다. • 연소 후 재를 남기지 않으며, 연소열이 크고 연소성이 좋기 때문에 일반화재보다 위험하다. • 포 등을 이용한 질식·냉각소화가 적응성이 있다.
전기화재 (C급 화재)	• 전류가 흐르고 있는 전기기기, 배선과 관련된 화재(전기에너지가 발화원으로 작용한 화재가 아니다) • 이산화탄소나 분말소화약제가 적응성이 있음 • 물 등의 약제를 사용하면 감전의 위험이 있음
금속화재 (D급 화재)	• 가연성 금속류가 가연물이 되는 화재 • 칼륨, 나트륨, 마그네슘, 알루미늄 등이 있으며, 괴상보다 분말상으로 존재할 때 가연성이 현저히 증가한다. • 물과 반응하여 강한 수소를 발생시키는 것이 대부분이므로 화재 시 수계(水系) 소화약제(물, 포, 강화액)를 사용할 수 없다. • 금속화재용 분말소화약제나 마른모래(건조사) 등을 사용해야 한다.
주방화재 (K급 화재)	• 주방에서 동식물유를 취급하는 조리기구에서 일어나는 화재 • 연소물의 표면을 차단하는 비누화 작용 및 식용유 자체의 온도를 발화점 이하로 빠르게 하강시켜 주는 냉각작용이 동시에 필요하다.

🔍 **용어해설**
• 괴상(塊狀) [명사] 덩어리로 된 모양을 말한다.

핵심기출문제

다음 중 주방에서 동식물유를 취급하는 조리기구에서 일어나는 화재는?

① A급 화재　　　　　② D급 화재

③ K급 화재　　　　　④ B급 화재

해설 주방에서 동식물유를 취급하는 조리기구에서 일어나는 화재는 K급 화재이다.

답 ③

■ 열전달 2급

전도 (Conduction)	• 하나의 물체가 다른 물체와 직접 접촉하여 열이 전달되는 것을 말한다. • 전도라는 열전달 방식에 의해 화염이 확산되는 경우는 흔하지 않다.
대류 (Convection)	기체 혹은 액체와 같은 유체의 흐름에 의하여 열이 전달되는 것을 대류라 한다.
복사 (Radiation)	• 모든 물체의 온도 때문에 열에너지를 파장의 형태로 계속적으로 방사하며, 그렇게 방사하는 에너지를 열복사라 한다. • 화재 시 열의 이동에 가장 크게 작용하는 열 이동방식이다. • 화재에서 화염의 접촉 없이 연소가 확산되는 현상이다. • 화재현장에서 인접건물을 연소시키는 주원인이다. • 보통 풍상 측이 풍하 측보다 공기가 맑아 복사에 의한 열전달이 더 용이하게 이루어진다.

핵심기출문제

다음 중 복사에 대해 설명한 것을 모두 고르면?

㉠ 화재 시 열의 이동에 가장 크게 작용하는 열 이동방식이다.
㉡ 하나의 물체가 다른 물체와 직접 접촉하여 전달되는 것이다.
㉢ 양지바른 곳에서 햇볕을 쬐면 따뜻하게 되는 것도 같은 방식이다.
㉣ 파장의 형태로 열이 전달되는 것이다.

① ㉠　　　　　② ㉡, ㉢

③ ㉠, ㉢, ㉣　　④ ㉠, ㉡, ㉢, ㉣

해설 복사에 해당하는 설명은 ㉠㉢㉣이다.
㉡은 전도에 대한 설명이다.

답 ③

■ 연소생성물 2급

연소물질과 생성가스

연소물질	연소생성가스
탄화수소류 등	일산화탄소 및 탄산가스
셀룰로이드, 폴리우레탄 등	질소산화물
질소성분을 갖고 있는 모사, 비단, 피혁 등	시안화수소
PVC, 방염수지, 플루오린화수지, 플루오린화수소 등의 할로겐화물	HF, HCl, HBr, 포스겐 등
멜라민, 나일론, 요소수지 등	암모니아
폴리스티렌(스티로폼) 등	벤젠

연기의 영향

㉠ 시야를 감퇴하며 피난행동 및 소화활동을 저해한다.
㉡ 연기성분 중 유독물(일산화탄소, 포스겐 등)의 발생으로 생명이 위험하다.
㉢ 정신적으로 긴장 또는 패닉현상에 빠지게 되는 2차적 재해의 우려가 있다.
㉣ 최근 건물화재의 특징은 방염(난연)처리된 물질을 사용하여 연소 그 자체는 억제되고 있지만 다량의 연기입자 및 유독가스를 발생하는 특징이 있다.

▶ 연기의 확산 속도

수평방향	0.5~1m/sec
수직방향	2~3m/sec
계단실 내의 수직이동속도	3~5m/sec

① 일산화탄소
 ㉠ 무색·무취·무미의 환원성이 강한 가스
 ㉡ 상온에서 염소와 작용하여 유독성 가스인 포스겐($COCl_2$)을 생성
  하기도 함
 ㉢ 헤모글로빈과 결합하여 산소의 운반기능을 저하시켜 질식하게 함

일산화탄소의 공기 중 농도와 중독증상

농도(ppm)	인체에 미치는 영향
50	• 허용농도
200	• 2~3시간 내에 가벼운 두통
400	• 1~2시간 내 앞 두통, 2.5~3.5시간 내 후 두통
800	• 45분 내 두통, 매스꺼움, 구토, 2시간 내 실신
1,600	• 20분 내 두통, 매스꺼움, 구토 기분, 2시간에서부터 사망
3,200	• 5~10분에 두통, 매스꺼움, 30분에서부터 사망
6,400	• 1~2분에 두통, 매스꺼움, 10~15분에서부터 사망
12,800	• 1~3분에서부터 사망

② 이산화탄소(CO_2)
 ㉠ 무색·무미의 기체로서 공기보다 무겁다.
 ㉡ 가스 자체는 독성이 거의 없다.
 ㉢ 다량으로 존재할 때 인체의 호흡 속도를 증가시켜 혼합된 유해가
  스의 흡입을 촉진시킨다.
③ **기타** : 황화수소(H_2S), 이산화황(SO_2), 암모니아(NH_3), 시안화수소
 (HCN), 포스겐($COCl_2$)

■ 건물 화재성상 2급 3급

초기	① 실내 온도가 아직 크게 상승하지 않으며 해당 시간은 화원, 착화물질의 종류에 따라 다르다. ② 발화부위는 훈소현상으로부터 시작되는 경우가 많다.
성장기	① 내장재 등에 착화된 시점 ② 그 후 실내온도는 급격히 상승하며 이후 천장 부근에 축적된 가연성 가스가 착화되면 실내 전체가 화염에 휩싸이는 플래시오버(Flash over) 상태로 된다.
최성기	① 실내 전체에 화염이 충만하며, 연소가 최고조에 달한다. ② 내화구조의 경우는 20~30분이 되면 최성기에 이르며 실내온도는 통상 800~1,050℃에 달한다. ③ 목조건물은 타기 쉬운 가연물로 되어 있기 때문에 최성기까지 약 10분이 소요되며 이때의 실내온도는 1,100~1,350℃에 달한다.
감쇠기 (감퇴기)	최성기 이후 가연물은 대부분 타버리고 화세가 감쇠하면서 온도는 점차 내려가기 시작한다.

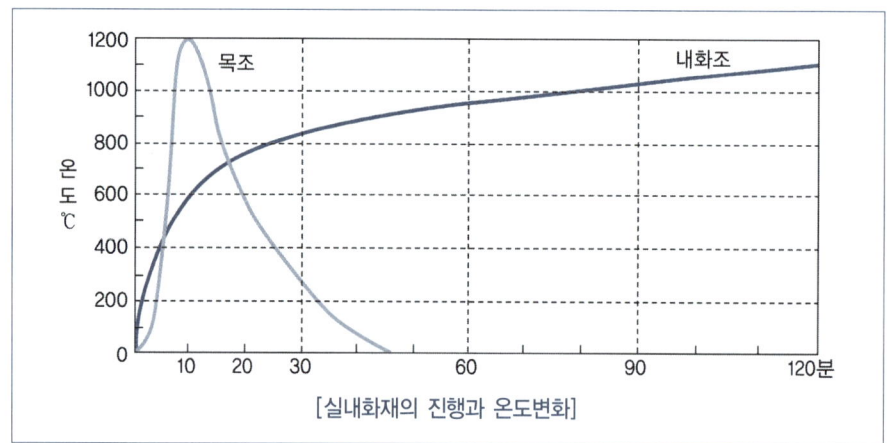

[실내화재의 진행과 온도변화]

> **핵심기출문제**
>
> 다음 중 실내화재의 양상에서 플래시오버(Flash over)가 발생하는 시기로 맞는 것은?
>
> ① 최성기   ② 성장기
> ③ 초기   ④ 감쇠기
>
> 해설 천장 부근에 축적된 가연성 가스가 착화되어 실내 전체가 화염에 휩싸이는 플래시오버(Flash over)는 성장기에 발생한다.
>
> 답 ②

소화이론

■ 소화방법 2급 3급

소화법		제거요소	내용
물리적 작용	제거 소화	가연물	가연물이나 그 주위의 가연물을 제거함으로써 연소반응을 중지시켜 소화하는 방법 ① 가스밸브의 폐쇄 ② 가연물 직접 제거 및 파괴 ③ 촛불을 입으로 강하게 불어 가연성 증기를 순간적으로 날려 보내는 방법 ④ 산불화재 시 진행 방향의 나무 등의 가연물 제거
	질식 소화	산소	• 산소(공급원)를 차단하여 소화하는 방법 • 공기 중의 산소 농도를 15% 이하로 억제함으로써 화재를 소화하는 방법 ① 불연성 기체로 연소물을 덮는 방법 ② 불연성 포(Foam)로 연소물을 덮는 방법 ③ 불연성 고체로 연소물을 덮는 방법
	냉각 소화	에너지	연소하고 있는 가연물로부터 열을 뺏어 연소물을 착화온도 이하로 내리는 것, 즉 냉각함으로써 소화하는 방법으로 가장 일반적인 소화방법 ① 주수에 의한 냉각소화 ② 이산화탄소 소화약제에 의한 냉각작용
화학적 작용	억제 소화	연쇄반응	연소의 4요소 중 연속적인 산화반응, 즉 연쇄반응을 약화시켜 연소가 계속되는 것을 불가능하게 하여 소화하는 것으로 화학적 작용에 의한 소화방법 ① 할론, 할로겐화합물 소화약제에 의한 억제(부촉매) 작용 ② 분말소화약제에 의한 억제(부촉매) 작용

KEY POINT

핵심기출문제

다음 중 연쇄반응을 주도하는 라디칼을 제거하여 연소반응을 중단시키는 소화방법은?

① 제거소화   ② 냉각소화

③ 질식소화   ④ 억제소화

해설 연소의 4요소 중 연쇄반응을 주도하는 라디칼을 제거하여 연소반응을 중단시키는 소화방법을 억제소화라 한다.

답 ④

■ 소화약제의 종류 및 소화효과 2급 3급

종류	소화효과
물소화약제	냉각, 질식효과
포소화약제	질식, 냉각효과
분말소화약제	질식, 억제(부촉매) 효과
이산화탄소(CO_2)소화약제	질식, 냉각효과
할론소화약제	질식, 억제(부촉매), 냉각효과

PART 03

화기취급
감독 및
화재위험작업
허가 · 관리

1 화기취급작업 안전관리규정

1 화기취급작업 [2급] [3급]

KEY POINT

■ 화기취급작업

용접(Welding), 용단(Cutting), 연마(Grinding), 땜(Soldering, Brazing), 드릴(Drilling) 등 화염 또는 불꽃(스파크)을 발생시키는 작업 또는 가연성 물질의 점화원이 될 수 있는 **모든 기기를 사용하는 작업**

화재위험작업(소방시설 설치 및 관리에 관한 법률 제15조)

공사시공자는 특정소방대상물의 신축·증축·개축·재축·이전·용도변경·대수선 또는 설비 설치 등을 위한 공사 현장에서 인화성(引火性) 물품을 취급하는 작업 등 대통령령으로 정하는 작업("화재위험작업")을 하기 전에 설치 및 철거가 쉬운 화재대비시설("임시소방시설")을 설치하고 관리하여야 한다.

인화성 물품을 취급하는 작업

① 인화성·가연성·폭발성 물질을 취급하거나 가연성 가스를 발생시키는 작업
② 용접·용단 등 불꽃을 발생시키거나 화기를 취급하는 작업
③ 전열기구, 가열전선 등 열을 발생시키는 기구를 취급하는 작업
④ 알루미늄, 마그네슘 등을 취급하여 폭발성 부유분진(공기 중에 떠다니는 미세한 입자)을 발생시킬 수 있는 작업
⑤ 그 밖에 위 ①~④와 비슷한 작업으로 소방청장이 정하여 고시하는 작업

Chapter 01. 화기취급작업 안전관리규정 65

핵심기출문제

소방시설 설치 및 안전관리에 관한 법령에 따라 공사현장에서 안전관리 대상에 해당하는 것을 모두 고르면?

> ㉠ 인화성·가연성·폭발성 물질을 취급하거나 가연성 가스를 발생시키는 작업
> ㉡ 용접·용단 등 불꽃을 발생시키거나 화기를 취급하는 작업
> ㉢ 전열기구, 가열전선 등 열을 발생시키는 기구를 취급하는 작업
> ㉣ 알루미늄, 마그네슘 등을 취급하여 폭발성 부유분진을 발생시킬 수 있는 작업

① ㉠, ㉡, ㉣   ② ㉠, ㉡
③ ㉡, ㉢, ㉣   ④ ㉠, ㉡, ㉢, ㉣

해설 ㉠, ㉡, ㉢, ㉣ 모두 해당된다.
▶ **공사현장에서 안전관리 대상**
  ⓐ 인화성·가연성·폭발성 물질을 취급하거나 가연성 가스를 발생시키는 작업
  ⓑ 용접·용단(금속·유리·플라스틱 따위를 녹여서 절단하는 일) 등 불꽃을 발생시키거나 화기(火氣)를 취급하는 작업
  ⓒ 전열기구, 가열전선 등 열을 발생시키는 기구를 취급하는 작업
  ⓓ 알루미늄, 마그네슘 등을 취급하여 폭발성 부유분진(공기 중에 떠다니는 미세한 입자)을 발생시킬 수 있는 작업
  ⓔ 그 밖에 ⓐ부터 ⓓ까지와 비슷한 작업으로 소방청장이 정하여 고시하는 작업

답 ④

■ **산업안전보건기준에 관한 규칙**

① 위험물이 있어 폭발이나 화재가 발생할 우려가 있는 장소 또는 그 상부에서 불꽃이나 아크를 발생하거나 고온으로 될 우려가 있는 화기·기계·기구 및 공구 등을 사용해서는 안 된다.

② 위험물, 인화성 유류 및 인화성 고체가 있을 우려가 있는 배관, 탱크 또는 드럼 등의 용기에 대하여 사전에 해당 위험물질을 제거하는 등 화재 및 폭발 예방조치를 한 후가 아니면 화재 위험작업을 할 수 없다.

③ 통풍이나 환기가 충분하지 않은 장소에서 화재위험작업을 하는 경우에는 통풍 및 환기를 위하여 산소사용이 불가하다.

┌───┐
│ **가연성물질이 있는 장소에서 화재위험작업 시 준수사항** │
├───┤
│ ⊙ 작업 준비 및 작업 절차 수립   │
│ ⓛ 작업장 내 위험물의 사용 보관 현황 파악   │
│ ⓒ 화기작업에 따른 인근 가연성물질에 대한 방호조치 및 소화기구 비치 │
│ ⓔ 용접불티 비산방지덮개, 용접방화포 등 불꽃, 불티 등 비산방지 조치 │
│ ⓜ 인화성 액체의 증기 및 인화성 가스가 남아있지 않도록 환기 등의 │
│   조치   │
│ ⓗ 작업근로자에 대한 화재예방 및 피난교육 등 비상조치 │
└───┘

④ 불꽃·불티 등의 비산방지 등 안전조치 이행 후 작업자에게 화재위험 작업을 하도록 해야 한다.

⑤ 화재위험 작업이 시작되는 시점부터 종료될 때까지 [작업내용, 작업일시, 안전점검 및 조치]에 관한 사항을 작업 장소에 **서면으로** 게시해야 한다.

⑥ 다음의 어느 하나에 해당하는 장소에서 용접·용단 작업을 하는 경우에는 화재감시자를 지정하여 용접·용단 작업 장소에 비치하여야 한다. 다만 같은 장소에서 상시·반복적으로 용접·용단작업을 할 때 경보용 설비·기구, 소화설비 또는 소화기가 갖추어진 경우에는 화재감시자를 지정·배치하지 않을 수 있다.

　⊙ **작업반경 11m 이내**에 건물구조 자체나 내부(개구부 등으로 개방된 부분을 포함한다)에 가연성물질이 있는 장소

　ⓛ **작업반경 11m 이내**의 바닥 하부에 가연성물질이 11m 이상 떨어져 있지만 불꽃에 의해 쉽게 발화될 우려가 있는 장소

　ⓒ 가연성물질이 **금속으로 된** 칸막이·벽·천장 또는 지붕의 반대쪽 면에 인접해 있어 열전도나 열복사에 의해 발화될 우려가 있는 장소

⑦ 화재감시자의 업무

　⊙ 위 ⑥ ⊙~ⓒ에 해당하는 장소에 가연성물질이 있는지 여부의 확인

　ⓛ 가스 검지, 경보 성능을 갖춘 가스 검지 및 경보장치의 작동 여부의 확인

　ⓒ 화재 발생 시 사업장 내 근로자의 대피 유도

⑧ 화재 또는 폭발의 위험이 있는 장소에서 폭발성 물질 및 유기과산화물, 물반응성 물질 및 인화성 고체, 인화성 가스 등 화재 위험물이 있는 물질을 취급하는 경우에는 화기의 사용을 금지해야 한다.

⑨ 건축물, 화학설비 또는 위험물 건조설비가 있는 장소, 그 밖에 위험물이 아닌 인화성 유류 등 폭발이나 화재의 원인이 될 우려가 있는 물질을 취급하는 장소에는 소화설비를 설치해야 하며, 건축물등의 규모·넓이 및 취급하는 물질의 종류 등에 따라 예상되는 폭발이나 화재를 예방하기에 적합해야 한다.

⑩ 화로, 가열로, 가열장치, 소각로, 철제굴뚝, 화재를 일으킬 위험이 있는 설비 및 건축물과 인화성 액체 사이에는 안전거리를 유지하거나 불연성 물체를 차열재료로 방호하여야 한다.

⑪ 흡연장소 및 난로 등 화기를 사용하는 장소에 화재예방에 필요한 설비를 설치해야 하며, 화기를 사용한 사람은 불티가 남지 않도록 뒤처리를 확실하게 해야 한다.

⑫ 소각장을 설치하는 경우 화재가 번질 위험이 없는 위치에 설치하거나 불연성 재료로 설치해야 한다.

---

2 주요 화기취급작업 및 안전대책 2급 3급

■ 주요 화기취급작업

(1) 용접(Welding) 및 용단(Cutting)

① 용접 : 접합하고자 하는 둘 이상의 물체(주로 금속)의 접합 부분에 존재하는 방해물질을 제거하여 결합시키는 과정으로 주로 열을 통하여 두 금속을 용융시켜 물체(금속)을 접합하는 것

② 용단 : 고체 금속을 절단하는 방법으로 금속 절단 부분에 산화 반응 등을 일으켜 그 열로 재료를 녹여서 절단하는 것

③ 용접(용단)의 위험성 : 작업 시 발생하는 불티 등으로 인하여 화재나 폭발의 위험성이 높다.

용접방법에 따른 분류

아크 용접	전기회로에 있는 2개의 금속을 서로 접촉시켜 전류를 흐르게 하고 이를 조금 떼어 놓으면 청백색의 아크(Arc)가 발생하여 고열이 발생하게 된다. 이 고열로 금속 부분이 일부 기화가 되며 통전 상태의 전류흐름은 계속 유지된다. 이로 인하여 고열은 금속을 용융시키는 것이 가능하고 금속을 용착시키는 용접을 아크용접이라고 한다. ▶ **아크용접의 열적 특성** 아크는 청백색의 강렬한 빛과 열을 내는 것으로 온도가 가장 높은 부분의 최고온도는 약 6,000℃에 이르며 일반적으로 3,500~5,000℃ 정도의 고열이 발생한다.

가스 용접(용단)	• 가연성 가스와 산소와의 반응에서 생기는 가스 연소열을 용접의 열원으로 하는 용접법이다. • 가연성 가스로는 주로 아세틸렌(C_2H_2), 프로판(C_3H_8), 부탄(C_4H_{10}), 수소(H_2) 등이 사용되며, 그 중 산소-아세틸렌은 화염의 온도가 높고 화염조절이 용이하여 일반적으로 사용된다. ▶ **가스용접의 열적 특성** 가스불꽃은 점화 후 산소를 분출시키면서 매연이 없어지고 팁 끝 쪽에는 휘백색의 백심과, 백심 주위로 푸른 속불꽃이 발생한다. 속불꽃 끝 쪽으로는 투명한 청색의 화염을 볼 수 있다.

용접작업의 위험성

스패터(Spatter) 현상	• 용접 작업 시에 작은 입자의 용적들이 비산되는 현상, 즉 불티가 튀기는 현상 • 아크용접에서는 가스폭발, 아크 휨, 긴 아크 등일 경우 발생 • 가스용접(용단)에서는 용접(용단)의 불꽃의 세기가 강할 경우 발생율이 높음
용접(용단) 작업 시 비산 불티의 특성	• 용접(용단) 작업 시 수천개의 비산된 불티 발생 • 비산불티는 풍향, 풍속 등에 의해 비산거리 상이 • 비산불티는 약 1,600℃의 고온 • 발화원이 될 수 있는 비산불티의 크기의 직경은 약 0.3~3mm • 비산 불티는 짧게는 작업과 동시에서부터 수 분 사이, 길게는 수 시간 이후에도 화재 가능성이 있음 • 용접(용단) 작업 시 작업높이, 철판두께, 풍속 등에 따른 불티의 비산거리는 조건 및 환경에 따라 상이

핵심기출문제

용접(용단) 작업 시 비산불티의 특성으로 옳은 것만 짝지은 것은?

㉠ 용접(용단) 작업 시 수 천개의 비산된 불티 발생
㉡ 비산불티는 풍향, 풍속 등에 상관없이 비산거리는 동일
㉢ 비산불티는 약 1,600℃ 이상의 고온체이다.
㉣ 비산불티는 짧게는 작업과 동시에서부터 수 분 사이, 길게는 수 시간 이후에도 화재가능성이 있다.

① ㉠, ㉡   ② ㉠, ㉡, ㉢
③ ㉠, ㉢, ㉣   ④ ㉠, ㉡, ㉢, ㉣

해설 ㉡ 비산불티는 풍향, 풍속 등에 의해 비산거리가 상이하다.

답 ③

■ 화재에 대한 근원적 대책 2급 3급

용접 · 용단 작업자의 주요 재해발생원인 및 대책

구분	주요발생원인	대책
화재	불꽃비산	• 불꽃받이나 방염시트를 사용한다. • 불꽃비산구역 내 가연물을 제거하고 정리 · 정돈한다. • 소화기를 비치한다.
	열을 받은 용접부분의 뒷면에 있는 가연물	• 용접부 뒷면을 점검한다. • 작업종류 후 점검한다.
폭발	토치나 호스에서 가스 누설	• 가스누설이 없는 토치나 호스를 사용한다. • 좁은 구역에서 작업할 때는 휴게시간에 토치를 공기의 유통이 좋은 장소에 둔다. • 호스접속 시 실수가 없도록 호스에 명찰을 부착한다.
	드럼통이나 탱크를 용접, 절단 시 잔류 가연성 가스 증기의 폭발	• 내부에 가스나 증기가 없는 것을 확인한다.
	역화	• 정비된 토치와 호스를 사용한다. • 역화방지기를 설치한다.
화상	토치나 호스에서 산소 누설	• 산소누설이 없는 호스를 사용한다.
	산소를 공기대신으로 환기나 압력 시험용으로 사용	• 산소의 위험성 교육을 실시한다. • 소화기를 비치한다.

2 화재위험작업 허가 · 관리

■ **화기취급작업 안전대책** 2급 3급

▶ 화기취급작업의 일반적인 절차

	처리절차	업무내용
1. 사전허가	• 작업허가	① 작업요청 ② 승인검토 및 허가서 발급
2. 안전조치	• 화재예방조치 • 안전교육	① 가연물 이동 및 보호조치 ② 소방시설 작동 확인 ③ 용접 · 용단장비 · 보호구 점검 ④ 화재안전교육 ⑤ 비상 시 행동요령 교육
3. 작업 · 감독	• 화재감시자 입회 및 감독 • 최종 작업 확인	① 화재감시자 입회 ② 화기취급감독 ③ 현장상주 및 화재감시 ④ 작업 종료 확인

(1) 화기취급작업 사전허가

화재예방을 위하여 화기취급작업을 사전에 허가하고 관련 법령에 근거하여 화재감시자가 입회하여 감독하는 등 안전관리 업무를 수행하여야 한다.

> ① 사전허가 → ② 안전조치 및 화기취급작업 감독의 처리절차와 화기취급작업 신청서 작성 → ③ 화기취급작업 허가서 교부 및 안전수칙 등의 사전허가 절차 등을 준수

(2) 화재위험작업의 관리감독 절차

① 화재안전 감독자(감독관)는 예상되는 화기작업의 위치를 확정하고, 화기작업의 시작 전, 작업현장의 화재안전조치 상태 및 예방책을 확인한다.

② 작업현장의 준비상태가 확인되고, 화재감시자가 현장에 배치된 후, 화재안전 감독자(감독관)는 서명을 하고 화기작업허가서를 발급한다.

③ 화기작업 허가서는 작업구역 내 게시하여, 해당 작업현장 내의 작업자와 관리자가 화기 작업에 대한 사항을 인지할 수 있도록 한다.

④ 화기작업 중 화재감시자는 작업 중은 물론, 휴식시간 및 식사시간 등에도 해당 현장에 대한 감시활동을 계속 진행하며, 화재발생 시 초동대처가 가능한 상태의 대응준비를 갖추어야 한다.

⑤ 작업완료 시 화재감시자는 해당 작업구역 내에 **30분** 이상 더 상주하면서 발화 및 착화 발생 여부에 대한 감시를 진행함. 이때 작업구역의 직상, 직하층에 대한 점검도 병행한다(점검 확인 후 허가서 확인란에 서명).

⑥ 화재안전 감독자(감독관)에게 작업 종료를 통보한다.
　→ 작업 종료 통보 이후 추가적으로 **3시간** 이후까지는 순찰점검을 통한 현장 관찰 필요

⑦ 전체 작업 및 감시감독시간 완료 시 화재안전 감독자(감독관)는 해당 구역에 대한 최종점검 및 확인 후 허가서에 서명하여 작업완료를 확인한다(확인 날인된 허가서는 작업 기록으로 보관).

3 위험물안전관리

■ 위험물의 규제 2급 2급

「위험물안전관리법」에서 규제하는 위험물을 인화성 또는 발화성 등의 성질을 가지는 것으로 대통령령이 정하는 물품을 말하며, 위험물로부터 안전성을 확보하기 위하여 위험 정도에 따라 일정수량 이상 제조·저장·취급 시 허가를 받고 사용토록 규제하고 있다.

핵심기출문제

다음 (　) 안에 들어갈 말로 알맞게 짝지은 것은?

위험물이란 (　) 또는 (　) 등의 성질을 가지는 것으로서 대통령령이 정하는 물품이다.

① 인화성, 발화성　　　　　　② 착화성, 발화성
③ 가연성, 자기반응성　　　　④ 산화성, 인화성

해설 위험물이란 인화성 또는 발화성 등의 성질을 가지는 것으로서 대통령령이 정하는 물품이다.

답 ①

■ 위험물안전관리법 2급 3급

① 목적
   ㉠ 위험물의 저장·취급 및 운반과 이에 따른 안전관리에 관한 사항을 규정
   ㉡ 위험물로 인한 위해를 방지하여 공공의 안전 확보
② 용어의 정의
   ㉠ **위험물** : **인화성** 또는 **발화성** 등의 성질을 가지는 것으로서 대통령령이 정하는 물품
   ㉡ **지정수량** : 위험물의 종류별로 위험성을 고려하여 대통령령이 정하는 수량으로서 제조소등의 설치허가 등에 있어서 **최저의 기준**이 되는 수량

KEY POINT

Chapter 03. 위험물안전관리　73

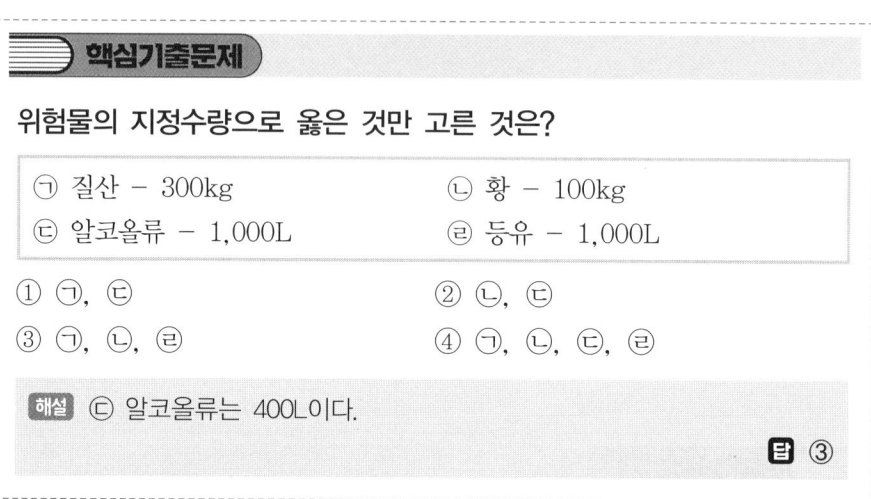

지정수량의 예

휘발유	등유·경유	중유	알코올류	황	질산
200L	1,000L	2,000L	400L	100kg	300kg

핵심기출문제

위험물의 지정수량으로 옳은 것만 고른 것은?

ㄱ 질산 - 300kg   ㄴ 황 - 100kg
ㄷ 알코올류 - 1,000L   ㄹ 등유 - 1,000L

① ㄱ, ㄷ   ② ㄴ, ㄷ
③ ㄱ, ㄴ, ㄹ   ④ ㄱ, ㄴ, ㄷ, ㄹ

해설 ㄷ 알코올류는 400L이다.

답 ③

ㄷ 위험물안전관리 제도
    ⓐ **위험물안전관리자 선임** : 제조소등의 관계인은 위험물의 안전
       관리에 관한 직무를 수행하게 하기 위하여 제조소등마다 대
       통령령이 정하는 위험물의 취급에 관한 자격이 있는 자를 안
       전관리자로 선임하여야 한다.
    ⓑ **해임** : 해임하거나 퇴직한 때에는 그날부터 **30일** 이내에 다시
       선임하여 하고, 선임한 날로부터 **14일** 이내에 소방본부장 또
       는 소방서장에게 신고하여야 한다.

■ 위험물 유별 특성 2급 3급

제1류 위험물 (산화성 고체)	① 강산화제로서 다량의 산소 함유 ② 가열, 충격, 마찰 등에 의해 분해, **산소 방출**
제2류 위험물 (가연성 고체)	① 저온 착화하기 쉬운 가연성 물질 ② 연소 시 유독가스 발생
제3류 위험물 (자연발화성 물질 및 금수성 물질)	① 물과 반응하거나 자연발화에 의해 발열 또는 가연성가스 발생 ② 용기 파손 또는 누출에 주의
제4류 위험물 (인화성 액체)	① 인화가 용이 ② 대부분 물보다 가볍고, **증기는 공기보다 무거움** ③ 주수소화가 불가능한 것이 대부분임
제5류 위험물 (자기반응성 물질)	① 가연성으로 산소를 함유하여 자기연소 ② 가열, 충격, 마찰 등에 의해 착화, **폭발** ③ 연소속도가 매우 빨라서 소화곤란
제6류 위험물 (산화성 액체)	① 강산으로 산소를 발생하는 조연성 액체(자체는 불연) ② 일부는 물과 접촉하면 발열

📖 핵심기출문제

01 다음 특성을 가진 위험물은?

> 물과 반응하거나 자연발화에 의해 발열 또는 가연성가스가 발생하는 성질

① 제1류 위험물　　　　　② 제2류 위험물
③ 제3류 위험물　　　　　④ 제4류 위험물

> 해설 물과 반응하거나 자연발화에 의해 발열 또는 가연성가스가 발생하는
> 성질을 갖는 위험물은 제3류 위험물이다.
>
> 답 ③

02 인화성 액체에 대한 내용으로 옳지 않은 것은?

① 인화가 용이하다.
② 대부분 물보다 가볍고, 증기는 공기보다 무겁다.
③ 주수소화가 불가능하다.
④ 강산화제로 다량의 산소를 함유하고 있다.

> 해설 강산화제로 다량의 산소를 포함하고 있는 것은 산화성 고체이다.
>
> 답 ④

4 전기안전관리

2급 3급

주요 화재원인	① 전선의 **합선**(단락)에 의한 발화 ② **누전**에 의한 발화 ③ **과전류**(과부하)에 의한 발화 ④ 기타 규격미달의 전선 또는 전기기계기구 등의 과열, 배선 및 전기기계기구 등의 절연 불량 또는 정전기로부터의 불꽃
화재예방 요령	① 하나의 콘센트에 여러 가지 전기기구를 꽂아서 사용하지 않는다. ② 사용하지 않는 기구는 전원을 끄고 플러그를 뽑아 둔다. ③ 플러그를 뽑을 때는 선을 당기지 말고 몸체를 잡고 뽑는다. ④ 과전류 차단장치를 설치한다. ⑤ 규격 퓨즈를 사용하고 끊어질 경우 그 원인을 조치한다. ⑥ 전기시설 설치 시 전문면허업체에 의뢰하여 정확하게 시공한다. ⑦ 콘센트에 플러그는 흔들리지 않게 완전히 꽂아 사용한다. ⑧ 누전차단기를 설치하고 **월 1~2회** 동작 여부를 **확인**한다. ⑨ 전선은 묶거나 꼬이지 않도록 한다. ⑩ 전기담요는 접힌 부분에 열이 발생하므로 밟거나 접어서 사용하지 않는다. ⑪ 비닐전선은 열에 약하므로 백열전등이나 전열기구 등 고열을 발생하는 기구에는 고무코드 전선을 사용한다. ⑫ 비닐장판이나 양탄자 밑으로는 전선이 지나지 않도록 한다. ⑬ 전기기구는 'KS' 제품을 사용하고 사용 전 사용설명서를 읽어본다. ⑭ 전선이 쇠붙이나 움직이는 물체와 접촉되지 않도록 한다.

핵심기출문제

01 다음 중 전기화재의 원인으로 옳지 않은 것은?

① 누전차단기 고장으로 인한 발화
② 무거운 물건을 전선 위에 두어 단락으로 인한 발화
③ 전격용량 이상으로 멀티탭에 플러그를 꽂아 과열로 인한 발화
④ 저항열의 축적으로 인한 발화

해설 저항열의 축적에 의해서는 화재가 발생하지 않는다.

답 ④

02 전기안전관리에 대한 내용으로 옳지 않은 것만 고른 것은?

㉠ 퓨즈가 끊어질 경우 원인을 조사하지 않고 규격 퓨즈로 교체한다.
㉡ 누전차단기를 설치하고 월 1~2회 동작 여부를 확인한다.
㉢ 플러그를 뽑을 때는 선을 당기지 말고 몸체를 잡고 뽑는다.
㉣ 전기화재의 주요원인은 전선의 합선(단락)에 의한 발화, 누전에 의한 발화, 과전류 차단장치의 설치, 절연 불량 또는 정전기로부터의 불꽃이다.

① ㉠   ② ㉠, ㉣
③ ㉠, ㉡, ㉢   ④ ㉠, ㉡, ㉢, ㉣

해설 ㉠ 퓨즈가 끊어질 경우 원인을 조사하여 조치하여야 한다.
㉣ 과전류 차단장치의 설치는 전기화재의 예방요령에 해당하는 것으로 전기화재의 주요원인에 해당하지 않는다.

답 ②

5 가스안전관리

KEY POINT

■ 연료가스의 종류와 특성 2급 3급

구분	주성분	비중	폭발범위
액화석유가스 (LPG)	프로판(C_3H_8) 부탄(C_4H_{10})	1.5~2 (누출 시 낮은 곳 체류)	• 프로판(C_3H_8) : 2.1~9.5% • 부탄(C_4H_{10}) : 1.8~8.4%
액화천연가스 (LNG)	메탄(CH_4)	0.6 (누출 시 천장쪽 체류)	5~15%

📖 **핵심기출문제**

가스안전관리에 대한 설명으로 옳지 않은 것은?

① LPG에는 프로판, 부탄이 있다.

② LNG의 비중은 0.6이다.

③ LPG는 낮은 쪽에 체류한다.

④ LNG는 가정용, 공업용, 자동차 연료용으로 사용된다.

해설 LNG는 도시가스용으로 사용된다. 가정용, 공업용, 자동차 연료용으로 사용되는 것은 LPG이다.

답 ④

◼ 가스화재의 주요원인 2급 3급

공급자	① 용기밸브의 오조작
	② 용기교체 작업 중 누설화재
	③ 잔량 가스처리 및 취급 미숙
	④ 가스충전 작업 중 누설폭발
	⑤ 고압가스 운반기준 미이행
	⑥ 배관 내의 공기치환작업 미숙
	⑦ 용기 보관실 점화원(성냥 등) 사용
	⑧ 배달원의 안전의식 결여
사용자	① 실내에 용기보관 중 가스누설
	② 점화 미확인으로 인한 누설폭발
	③ 환기불량에 의한 질식사
	④ 가스사용 중 장시간 자리 이탈
	⑤ 성냥불로 누설확인 중 폭발
	⑥ 호스접속 불량 방치
	⑦ 조정기 분해 오조작
	⑧ 콕크 조작 미숙
	⑨ 인화성 물질(연탄 등) 동시 사용

◼ 가스누설경보기 설치 위치 2급 3급

증기비중이 1보다 작은 가스의 경우	① 연소기로부터 수평거리 8m 이내의 위치에 설치
	② 탐지기의 하단은 **천장면의 하방 30cm** 이내의 위치에 설치
증기비중이 1보다 큰 가스의 경우	① 연소기 또는 관통부로부터 수평거리 4m 이내의 위치에 설치
	② 탐지기의 상단은 **바닥면의 상방 30cm** 이내의 위치에 설치

핵심기출문제

가스누설경보기는 탐지대상 가스의 증기비중이 1보다 작은 경우 연소기
로부터 수평거리 몇 m 이내의 위치에 설치해야 하는가?

① 4m

② 5m

③ 7m

④ 8m

해설 가스누설경보기는 탐지대상 가스의 증기비중이 1보다 작은 경우 연소
기로부터 수평거리 8m 이내의 위치에 설치해야 한다.

답 ④

핵심기출문제

증기비중이 1보다 큰 가스의 경우에 대한 내용이다. (   ) 안에 들어갈 내용을 알맞게 짝지은 것은?

• 연소기 또는 관통부로부터 수평거리 (   ) 이내의 위치에 설치

• 누출 시 (   ) 곳에 체류

• 탐지기의 상단은 바닥면의 (   ) 이내의 위치에 설치

① 8m, 낮은, 하방 30cm   ② 8m, 높은, 상방 30cm

③ 4m, 높은, 하방 30cm   ④ 4m, 낮은, 상방 30cm

해설 **증기비중이 1보다 큰 가스의 경우**
　㉠ 연소기 또는 관통부로부터 수평거리 (4m) 이내의 위치에 설치
　㉡ 누출 시 (낮은) 곳에 체류
　㉢ 탐지기의 상단은 바닥면의 (상방 30cm) 이내의 위치에 설치

답 ④

PART 04

피난시설, 방화구획 및 방화시설의 유지·관리

1 피난시설, 방화구획 및 방화시설의 유지·관리

1 방화구획 등 [2급]

■ 방화구획

① 건물 전체로 화재가 확산되는 것을 방지하는 것
② 연기 및 화염의 확산 방지를 위한 구획
③ 바닥, 천장, 벽, 문 등의 부재(部材)는 연소 방지를 위해 내화적인 것이 요구된다.
　㉠ 방화구획의 기준
　　주요구조부가 내화구조 또는 불연재료로 된 건축물로서 연면적이 1,000m²를 넘는 것은 다음 기준에 의한 방화구획을 하여야 한다.

방화구획 설치기준

종류	구획단위	구획구분의 구조
면적별	10층 이하 - 1,000m² 이내마다 구획	• 내화구조의 바닥, 벽 • 60분+방화문 　• 60분 방화문 • 자동방화셔터
면적별	11층 이상 - 200m²(불연 내장재 - 500m²)	
면적별	스프링클러 등 자동식 소화설비 - 상기 면적 3배마다 구획	
층별	매층마다 구획(지하1층 - 지상 직접 연결 경사로 부위 제외)	
용도별	주요구조부를 내화구조로 해야 하는 대상부분과 기타부분 사이의 구획	

※ 공동주택 중 아파트로서 4층 이상인 층에 대피공간을 설치하는 경우 그 대피공간과 실내의 다른 부분과 방화구획해야 함

KEY POINT

🔍 용어해설 |
• 부재(部材)[명사] 구조물의 뼈대를 이루는 데 중요한 요소가 되는 여러 가지 재료를 말한다.

핵심기출문제

다음 〈그림〉에서 방화구획에 대한 내용으로 옳지 않은 것은?

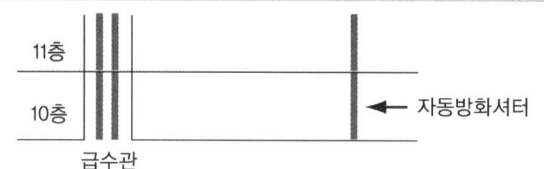

(모두 내화구조, 내장재는 불연재로 되어 있는 건물이다. 모든 층의 바닥면적은 $6,000m^2$이다. 스프링클러설비가 설치되어 있다. 그밖에 다른 조건은 제외한다)

① 급수관이 관통하여 틈이 생긴 경우 내화시간 이상 견딜 수 있는 내화채움성능이 인정된 구조로 메워야 한다.

② 11층은 4개의 방화구획으로 한다.

③ 10층은 2개의 방화구획으로 한다.

④ 셔터는 화재 발생 시 열감지기에 의한 일부폐쇄와 연기감지기에 의한 완전폐쇄가 이루어질 수 있는 구조를 가진 것이어야 한다.

해설 셔터는 화재 발생 시 연기감지기에 의한 일부폐쇄와 열감지기에 의한 완전폐쇄가 이루어질 수 있는 구조를 가진 것이어야 한다.

답 ④

ⓛ 방화구획의 구조
ⓐ 방화구획으로 사용하는 60+방화문 또는 60분 방화문은 언제나 닫힌 상태를 유지하거나 화재로 인한 연기 또는 불꽃을 감지하여 자동적으로 닫히는 구조로 할 것. 다만, 연기 또는 불꽃을 감지하여 자동적으로 닫히는 구조로 할 수 없는 경우에는 온도를 감지하여 자동적으로 닫히는 구조로 할 수 있다.
ⓑ 외벽과 바닥 사이에 틈이 생긴 때나 급수관·배전관 그 밖의 관이 방화구획으로 되어있는 부분을 관통하는 경우 그로 인하여 방화구획에 틈이 생긴 때에는 그 틈을 내화시간(내화채움성능이 인정된 구조로 메워지는 구성 부재에 적용되는 내화시간) 이상 견딜 수 있는 내화채움성능이 인정된 구조로 메울 것
ⓒ 환기, 난방 또는 냉방시설의 풍도가 방화구획을 관통하는 경우에는 그 관통부분 또는 이에 근접한 부분에 다음 기준에 적합한 댐퍼를 설치할 것. 다만, 반도체공장 건축물로서 방화구획을 관통하는 풍도의 주위에 스프링클러헤드를 설치하는 경우에는 그러하지 않다.

㉮ 화재로 인한 연기 또는 불꽃을 감지하여 자동적으로 닫히는 구조로 할 것. 다만 주방 등 연기가 항상 발생하는 부분에는 온도를 감지하여 자동적으로 닫히는 구조로 할 수 있다.

㉯ 국토교통부장관이 정하여 고시하는 비차열 성능 및 방연 성능 등의 기준에 적합할 것

ⓒ 방화구획의 중요성

건축물 내에서 그 내부를 일정한 크기의 면적 및 층으로 구분하여 화재를 하나의 공간으로 한정함으로써 화재가 다른 공간으로 확산되는 것을 방지하기 위함

ⓔ 방화구획 중점 확인사항

ⓐ 방화구획을 관통하는 배관, 덕트, 케이블트레이 등 틈새상태

ⓑ 방화구획 관통 덕트에 방화댐퍼 설치 여부

ⓒ 필로티 구조 1층 거실의 계단실 부분과 복도의 구획 여부

ⓓ 필로티 구조 1층 거실과 승강기의 승강로 부분의 구획 여부

2 피난시설, 방화구획 및 방화시설의 유지·관리 [2급]

■ 피난·방화시설 등의 범위 [2급]

① **피난시설** : 계단(직통계단·피난계단 등), 복도, 출입구(비상구 포함), 그 밖의 피난시설(옥상광장, 피난안전구역, 피난용 승강기 및 승강장 등)

피난계단의 종류 및 피난 시 이동경로

피난계단의 종류	피난 시 이동경로
옥내피난계단	옥내 ⇨ 계단실 ⇨ 피난층
옥외피난계단	옥내 ⇨ 옥외계단 ⇨ 지상층
특별피난계단	옥내 ⇨ 부속실 ⇨ 계단실 ⇨ 피난층

② **방화시설** : 방화구획(방화문, 자동방화셔터, 내화구조의 바닥·벽), 방화벽 및 내화성능을 갖춘 내부마감재 등

■ 피난시설, 방화구획 및 방화시설 관련 금지행위 2급

① 피난시설, 방화구획 및 방화시설 관련 폐쇄행위

  ㉠ 건축법령에 의거 설치한 피난·방화시설을 화재 시 사용할 수 없도록 폐쇄하는 행위

  ㉡ 계단, 복도 등에 방범철책(창) 등을 설치하여 화재 시 피난할 수 없도록 하는 행위

  ㉢ 비상구 등에 잠금장치(고정식 잠금장치 등)를 설치하여 누구나 쉽게 열 수 없도록 하는 행위

  ㉣ 용접, 조적, 쇠창살, 석고보드 또는 합판 등으로 비상(탈출)구의 개방이 불가능 하도록 하는 행위

  ㉤ 기타 객관적인 판단하에 누구라도 폐쇄라고 볼 수 있는 행위

핵심기출문제

피난시설, 방화구획 및 방화시설의 폐쇄행위에 해당하지 않는 것은?

① 계단, 복도 등에 방범철책 등을 설치하는 것

② 비상구 등에 잠금장치를 설치하는 것

③ 임의구획으로 무창층을 만드는 것

④ 석고보드 또는 합판 등으로 비상구의 개방이 불가능하도록 하는 것

해설 임의구획으로 무창층을 만드는 것은 해당되지 않는다.

▶ **피난시설, 방화구획 및 방화시설의 폐쇄행위**

  ㉠ 건축법령에 의거 설치한 피난·방화시설을 화재 시 사용할 수 없도록 폐쇄하는 행위

  ㉡ 계단, 복도 등에 방범철책(창) 등을 설치하여 화재 시 피난할 수 없도록 하는 행위

  ㉢ 비상구 등에 잠금장치(고정식 잠금장치)를 설치하여 누구나 쉽게 열 수 없도록 하는 행위

  ㉣ 용접, 조적, 쇠창살, 석고보도 또는 합판 등으로 비상(탈출)구의 개방이 불가능하도록 하는 행위

  ㉤ 기타 객관적인 판단하에 누구라도 폐쇄라고 볼 수 있는 행위

답 ③

② 피난시설, 방화구회 및 방화시설의 훼손행위

  ㉠ 방화문을 철거(제거)하는 행위나 방화문에 고임장치(도어스톱) 등 설치 또는 자동폐쇄장치를 제거하여 그 기능을 저해하는 행위

  ㉡ 배연설비가 작동되지 아니하도록 기능에 지장을 주는 행위

  ㉢ 기타 객관적인 판단하에 누구라도 피난·방화시설을 훼손하였다고 볼 수 있는 행위(구조적인 시설을 물리력을 가하여 훼손한 때)

③ 피난시설, 방화구획 및 방화시설의 주위에 물건적치 또는 장애물 설치 행위

  ㉠ 계단, 복도(통로) 또는 출입구에 물건을 쌓아놓거나 또는 장애물을 방치하는 행위

  ㉡ 계단 또는 복도에 방범철책(쇠창살)을 설치하는 행위

  ㉢ 자동방화셔터 주위에 물건 또는 장애물을 방치하거나 설치하여 그 기능에 지장을 주는 행위

④ 피난시설, 방화구획 및 방화시설의 변경행위

  ㉠ 방화구획 및 내부마감재료를 임의로 변경하여 건축법령에 위반하였다고 볼 수 있는 행위

    ⓐ 임의구획으로 무창층을 발생하게 하는 행위

    ⓑ 방화구획으로 개구부를 설치하여 그 기능에 지장을 주는 행위

  ㉡ 방화문을 철거하고 목재, 유리문 등으로 변경하는 행위

  ㉢ 기타 객관적인 판단하에 누구라도 피난·방화시설을 변경하여 건축법령에 위반하였다고 볼 수 있는 경우

⑤ 피난시설, 방화구획 및 방화시설의 용도장애 또는 소방활동 지장 초래 행위

  ㉠ 상기 ①~④에서 적시한 행위로 피난시설, 방화구획 및 방화시설의 용도에 장애를 유발하거나, 화재 시 소방호스 전개상 걸림·꼬임현상 등 소방활동에 지장을 초래한다고 판단되는 행위

  ㉡ 상기 ①~④에서 적시하지 아니한 행위로 피난시설, 방화구획 및 방화시설의 용도에 장애를 주거나 소방활동에 지장을 초래한다고 판단되는 행위

⑥ 피난시설, 방화구획 및 방화시설의 유지·관리에 대한 조치명령권자 : 소방본부장 또는 소방서장

■ 옥상광장 출입문 개방 안전관리 [2급]

① 옥상광장 또는 2층 이상인 층에 노대(露臺) 등의 주위에는 **높이 1.2m 이상의 난간**을 설치해야 한다.

② 옥상광장 설치대상

5층 이상의 층이 있는 다음 용도의 대상물	해당용도로 쓰는 바닥면적
공연장, 종교집회장, 인터넷컴퓨터게임시설제공업소	300m² 이상
문화 및 집회시설(전시장 및 동·식물원 제외)	면적에 관계 없음
종교시설, 판매시설	
장례시설	
위락시설 중 주점영업	

🔵 용어해설

• 노대(露臺) : 발코니의 우리말로 위층에 지붕이 있는 공간(아파트의 거실, 방옆에 붙어 있는 공간)
• 헬리포트(heliport) : 헬리콥터 전용 비행장이다. 또한 그 헬리콥터가 이·착륙하는 장소만을 가리키는 경우에는 헬리패드(helipad)라고 한다.

③ 옥상으로 통하는 출입문에 비상문자동개폐장치(화재 등 비상시에 소방시스템과 연동되어 잠김 상태가 자동으로 풀리는 장치)를 설치해야 하는 대상

ㄱ ②에 따라 피난 용도로 쓸 수 있는 있는 광장을 옥상에 설치해야 하는 건축물

ㄴ 피난 용도로 쓸 수 있는 광장을 옥상에 설치하는 다음의 건축물

ⓐ 다중이용 건축물

ⓑ 연면적 1,000m² 이상인 공동주택

ㄷ 아래 ④에 해당하는 출입문

④ 옥상공간을 확보하여야 하는 대상(층수가 **11층** 이상인 건축물로서 11층 이상인 층의 바닥면적의 합계가 **10,000m²** 이상인 건축물)

ㄱ 건축물의 지붕을 평지붕으로 하는 경우 : 헬리포트를 설치하거나 헬리콥터를 통하여 인명 등을 구조할 수 있는 공간

ㄴ 건축물의 지붕을 경사지붕으로 하는 경우 : 경사지붕 아래에 설치하는 대피공간

📖 핵심기출문제

다음 중 옥상광장 설치대상이 아닌 것은? (단, 5층 이상인 건물이다)

① 바닥면적의 합계가 300m² 이상인 공연장

② 바닥면적의 합계가 300m² 이상인 전시장

③ 바닥면적의 합계가 300m² 이상인 인터넷컴퓨터게임시설제공업소

④ 위락시설 중 주점영업

해설 옥상광장 설치대상에 전시장은 제외된다.

답 ②

PART 05

소방시설의
종류,
구조·점검

1 소방시설의 종류

■ 소방시설의 종류 2급 3급

① 소화설비

1. 소화기구	① 소화기 ② 간이소화용구 : 에어로졸식 소화용구, 투척용 소화용구, 소공간용 소화용구 및 소화약제 외의 것을 이용한 간이소화용구 ③ 자동확산소화기
2. 자동소화장치	① 주거용 주방자동소화장치 ② 상업용 주방자동소화장치 ③ 캐비닛형 자동소화장치 ④ 가스자동소화장치 ⑤ 분말자동소화장치 ⑥ 고체에어로졸자동소화장치
3. 옥내소화전설비(호스릴옥내소화전설비 포함)	
4. 스프링클러설비등	① 스프링클러설비 ② 간이스프링클러설비(캐비닛형 간이스프링클러설비 포함) ③ 화재조기진압용 스프링클러설비
5. 물분무등소화설비	① 물분무소화설비 ② 미분무소화설비 ③ 포소화설비 ④ 이산화탄소소화설비 ⑤ 할론소화설비 ⑥ 할로겐화합물 및 불활성기체소화설비 ⑦ 분말소화설비 ⑧ 강화액소화설비 ⑨ 고체에어로졸소화설비
6. 옥외소화전설비	

다음 중 물분무등소화설비에 해당하지 않는 것은?

① 미분무소화설비
② 이산화탄소소화설비
③ 스프링클러설비
④ 할로겐화합물 및 불활성기체소화설비

> **해설** 스프링클러설비는 물분무등소화설비에 포함되지 않는다.
>
> ▶ **물분무등소화설비**
> ㉠ 물분무소화설비   ㉡ 미분무소화설비
> ㉢ 포소화설비   ㉣ 이산화탄소소화설비
> ㉤ 할론소화설비   ㉥ 할로겐화합물 및 불활성기체소화설비
> ㉦ 분말소화설비   ㉧ 강화액소화설비
> ㉨ 고체에어로졸소화설비
>
> **답** ③

② 경보설비
  ㉠ 단독경보형감지기
  ㉡ 비상경보설비(비상벨설비 및 자동식 사이렌설비)
  ㉢ 시각경보기
  ㉣ 자동화재**탐지**설비
  ㉤ 화재알림설비
  ㉥ 비상**방송**설비
  ㉦ 자동화재**속보**설비
  ㉧ **통합감시**시설
  ㉨ 누전경보기
  ㉩ 가스누설경보기

핵심기출문제

다음 중 경보설비에 해당하지 않는 것은?

① 자동화재속보설비   ② 자동화재탐지설비
③ 비상방송설비   ④ 비상콘센트설비

> **해설** 비상콘센트설비는 소화활동설비에 해당한다.
> ① 자동화재속보설비, ② 자동화재탐지설비, ③ 비상방송설비는 모두 경보설비에 해당한다.
>
> **답** ④

③ 피난구조설비

피난기구	피난사다리·구조대·완강기·간이완강기 그 밖에 화재안전기준으로 정하는 것
인명구조기구	방열복·방화복(안전모, 보호장갑 및 안전화 포함)·공기호흡기·인공소생기
유도등	피난유도선·피난구유도등·통로유도등·객석유도등·유도표지
비상조명등 및 휴대용 비상조명등	

④ 소화용수설비

    ㉠ 상수도소화용수설비

    ㉡ 소화수조·저수조, 그 밖의 소화용수설비

⑤ 소화활동설비

    ㉠ **제연설비**

    ㉡ 연결송수관설비

    ㉢ 연결살수설비

    ㉣ 비상콘센트설비

    ㉤ 무선통신보조설비

    ㉥ **연소방지설비**

KEY POINT

핵심기출문제

소화활동설비에 해당하지 않는 것은?

① 제연설비   ② 연결살수설비

③ 통합감시시설   ④ 무선통신보조설비

해설 **소화활동설비**

    ㉠ 제연설비

    ㉡ 연결송수관설비

    ㉢ 연결살수설비

    ㉣ 비상콘센트설비

    ㉤ 무선통신보조설비

    ㉥ 연소방지설비

답 ③

2 소화설비

KEY POINT

1 소화기구 [2급] [3급]

■ 소화기구의 종류

종류	능력단위기준			보행거리
소형소화기	1단위 이상			20m 이내
대형소화기	화재 시 사람이 운반할 수 있도록 운반대와 바퀴가 설치됨	A급	10단위 이상	30m 이내
		B급	20단위 이상	

📖 **핵심기출문제**

A급 화재의 경우 대형소화기의 능력단위는?

① 5단위 이상　　　　　② 10단위 이상

③ 20단위 이상　　　　　④ 30단위 이상

해설 대형소화기는 화재 시 사람이 운반할 수 있도록 운반대와 바퀴가 설치되어 있고 A급 화재 **10단위** 이상인 것을 말한다.

답 ②

▣ 소화기의 분류

(1) 방출방식에 따른 분류

가압식	소화약제의 방출원이 되는 가압가스를 소화기 본체용기와의 별도의 가압용 가스용기에 충전하여 장치하고 가압용가스용기의 작동봉판을 파괴하는 등의 조작에 의하여 방출되는 가스의 압력으로 소화약제를 방사하는 방식
축압식	용기 중에 소화약제와 함께 소화약제의 방출원이 되는 질소 등의 압축가스를 봉입한 방식

(2) 적응 화재별 표시 분류

화재 분류	기준	표시
일반화재 (A급 화재)	나무, 섬유, 종이, 고무, 플라스틱류와 같은 일반 가연물이 타고 나서 재가 남는 화재	A
유류화재 (B급 화재)	인화성 액체, 가연성 액체, 석유 그리스, 타르, 오일, 유성도료, 솔벤트, 래커, 알코올 및 인화성 가스와 같은 유류가 타고 나서 재가 남지 않는 화재	B
전기화재 (C급 화재)	전류가 흐르고 있는 전기기기, 배선과 관련된 화재	C
주방화재 (K급 화재)	주방에서 동식물유를 취급하는 조리기구에서 일어나는 화재	K
금속화재 (D급 화재)	마그네슘 합금 등 가연성 금속에서 일어나는 화재	D

▣ 간이소화용구

에어로졸식 소화용구	사람이 조작하여 소화약제를 압력에 의하여 방사하는 기구로서 능력단위가 1 미만이고 한번 사용한 후에는 다시 사용할 수 없는 소화용구		
투척용 소화용구	용기에 축압가스를 제외한 소화약제만을 충전한 것으로 4개 이하의 소화용구를 1세트로 구성하여 화재가 발생한 곳에 던져서 소화하는 소화용구		
소공간용 소화용구	소공간의 화재를 자동으로 감지하여 소화하는 소화용구		
소화약제 외의 것을 이용한 소화용구	마른 모래	삽을 상비한 50L 이상의 것 1포	능력단위 0.5단위
	팽창질석 또는 팽창진주암	삽을 상비한 80L 이상의 것 1포	

자동확산소화기

일반화재용 자동확산소화기	보일러실, 건조실, 세탁소, 대량화기취급소 등에 설치하는 자동확산소화기
주방화재용 자동확산소화기	음식점, 다중이용업소, 호텔, 기숙사, 의료시설, 업무시설, 공장 등의 주방에 설치하는 자동확산소화기
전기설비용 자동확산소화기	변전실, 송전실, 변압기실, 배전반실, 제어반, 분전반 등에 설치하는 자동확산소화기

핵심기출문제

고장난 전기밥솥에 발생한 화재에 대한 소화기의 적응 화재별 표시로 맞는 것은?

① 'A' ② 'C'
③ 'B' ④ 'K'

해설 고장난 전기밥솥은 전류가 흐르고 있지 않는 전기기기로 일반화재인 플라스틱류 화재이다. 따라서 이 화재에 대한 소화기의 적응 화재별 표시는 'A'이다.

답 ①

소화기의 구조원리

① 분말소화기

ABC급과 BC급으로 구분되며 현재 시중에 판매되는 분말소화기는 대부분 ABC급이다.

㉠ 소화약제 및 적응화재

적응화재	주성분	소화효과
ABC급	제1인산암모늄($NH_4H_2PO_4$)	질식, 부촉매(억제)
BC급	탄산수소나트륨($NaHCO_3$)	
	탄산수소칼륨($KHCO_3$)	
	탄산수소칼륨($KHCO_3$)+요소[$(NH_2)_2CO$]	

㉡ 구조

축압식 소화기	• 본체용기 내에는 규정량의 소화약제와 함께 압력원인 질소가스가 충전되어 있다. • 용기 내 압력을 확인할 수 있도록 지시압력계가 부착되어 사용가능한 범위가 0.7~0.98MPa로 녹색으로 되어 있다.

[분말소화기]

핵심기출문제

다음 중 축압식소화기의 사용가능한 압력범위로 맞는 것은?

① 0.1~0.5MPa
② 0.3~0.7MPa
③ 0.7~0.98MPa
④ 0.85~1.1MPa

해설 축압식소화기의 사용가능한 압력범위는 0.7~0.98MPa이다.

답 ③

---

② 이산화탄소소화기

소화약제	주성분	이산화탄소(순도 99.5% 이상)
	적응화재	BC급
	소화효과	질식, 냉각소화
구조		본체 용기에 충전된 이산화탄소를 레버식 밸브(대형 소화기는 핸들식)의 개폐에 의해 방사되므로 방사를 중지할 수 있다. 밸브 본체에는 일정한 압력에서 작동하는 안전밸브가 장치되어 있다.

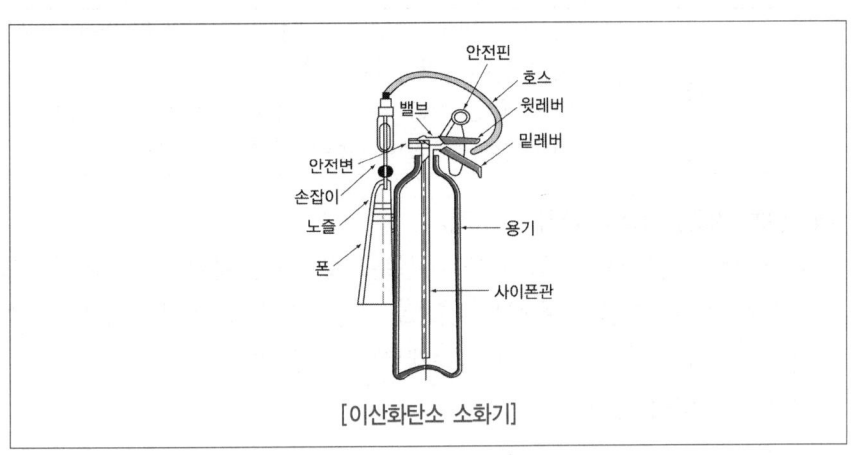

[이산화탄소 소화기]

아래 〈사진〉의 소화기에 대한 설명으로 옳지 않은 것은?

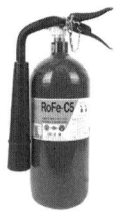

[제조일(2007. 8월)]

① 외관 이상 유무를 확인하고 사용해야 한다.
② B,C급 화재에 사용할 수 있다.
③ 내구연한 10년이 넘어도 교체할 필요가 없다.
④ 소화기 사용 중 방사를 중지할 수 없다.

> **해설** 〈사진〉은 이산화탄소소화기이다. 이산화탄소소화기는 본체 용기에 충전된 이산화탄소를 레버식 밸브의 개폐의 의해 방사하므로 방사를 중지할 수 있다.
>
> **답** ④

③ 할론소화기

종류	㉠ 브로모클로로디플루오로메탄(할론 1211) ㉡ 브로모트리플루오로메탄(할론 1301) ㉢ 할론 1211 및 할론 1301을 혼합한 약제 ㉣ 디클로로트리플루오로에탄(HCFC-123) ㉤ 도데카플루오로-2-메틸 펜탄-3-원(FK-5-1-12) ㉥ 헥사플루오로프로판(HFC-236fa) ㉦ HCFC BLEND B(HCFC-123, 테트라플루오로메탄(FC-1-4) 및 아르곤으로 구성)
적응화재 및 소화효과	**적응화재** ABC급 **소화효과** 억제(부촉매) 및 질식소화
구조	㉠ 용기 내 압력을 가리키는 **지시압력계가 부착**되어 사용가능한 압력범위가 녹색으로 되어 있다. ㉡ 다만, **할론 1301** 등과 같이 자체 증기압으로 방사되는 경우에는 지시압력계를 **제외**할 수 있다.

(4) 분체(粉體) 소화기(D급 소화기)

염화나트륨, 흑연, 구리 등을 주성분으로 하는 분말 또는 과립형태의 물질의 소화약제를 사용하는 것으로 D급 화재용으로만 사용되는 소화기이며 소화 가능한 가연성 금속재료의 종류 및 형태, 중량, 면적이 용기에 표시되어 있다.

■ 소화기구의 설치기준

특정소방대상물	소화기구의 능력단위
1. 위락시설	해당 용도의 바닥면적 ③0m²마다 능력단위 1단위 이상
2. 공연장·집회장·관람장·문화재·장례식장 및 의료시설	해당 용도의 바닥면적 ⑤0m²마다 능력단위 1단위 이상
3. 근린생활시설·판매시설·운수시설·숙박시설·노유자시설·전시장·공동주택·업무시설·방송통신시설·공장·창고시설·항공기 및 자동차 관련시설 및 관광휴게시설	해당 용도의 바닥면적 100m²마다 능력단위 1단위 이상
4. 그 밖의 것	해당 용도의 바닥면적 200m²마다 능력단위 1단위 이상

▶ 소화기구의 능력단위를 산출함에 있어서 건축물의 주요구조부가 내화구조이고, 벽 및 반자의 실내에 면하는 부분이 불연재료·준불연재료 또는 난연재료로 된 특정소방대상물에 있어서는 위 표의 기준면적의 2배를 해당 특정소방대상물의 기준면적으로 한다.

① 보일러실, 발전실, 변전실 등 부속용도별로 사용되는 부분에 대하여는 소화기구 및 자동소화장치를 추가로 설치할 것

② 소화기의 설치기준
　㉠ 각층마다 설치 특정소방대상물의 각 부분으로부터 1개의 소화기까지의 보행거리가 소형소화기의 경우에는 20m 이내, 대형소화기의 경우에는 30m 이내가 되도록 설치한다.
　㉡ 특정소방대상물의 각 층이 2 이상의 거실로 구획된 경우에는 각 층마다 설치하는 것 외에 바닥면적이 33m² 이상으로 구획된 각 거실에도 배치한다.

③ 능력단위가 2단위 이상이 되도록 소화기를 설치하여야 할 특정소방대상물 또는 그 부분에 있어서는 간이소화용구의 능력단위가 전체 능력단위의 2분의 1을 초과하지 않게 한다(노유자시설의 경우에는 이를 제외).

④ 소화기구(자동확산소화기 제외)는 바닥으로부터 높이 1.5m 이하의 곳에 비치한다.

⑤ 자동확산소화기는 방호대상물에 소화약제가 유효하게 방출될 수 있도록 설치하고, 작동에 지장이 없도록 견고하게 고정할 것

> **▶ 공동주택 화재안전기술기준(NFTC 608)**
> 1. 바닥면적 100m²마다 1단위 이상의 능력단위를 기준으로 설치할 것
> 2. 아파트등(주택으로 쓰는 층수가 5층 이상인 주택)의 경우 각 세대 및 공용부(승강장, 복도 등)마다 설치할 것

📝 **암기노트**
위·③
공·집·⑤
생·노·백

3. 아파트등의 세대 내 설치된 보일러실이 방화구획되거나, 스프링클러설비·간이스프링클러설비·물분무등소화설비 중 하나가 설치된 경우「소화기구 및 자동소화장치의 화재안전기술기준(NFTC 101)」[표2.1.1.3] 제1호 및 제5호를 적용하지 않을 수 있다.

4. 아파트등의 경우「소화기구 및 자동소화장치의 화재안전기술기준 (NFTC 101)」에 따른 소화기의 감소 규정을 적용하지 않을 것

핵심기출문제

소화기구의 설치기준으로 소화기구의 능력단위가 나머지와 다른 것은?

① 공연장 ② 노유자시설

③ 관람장 ④ 집회장

> **해설** ①③④는 소화기구의 능력단위가 해당 용도의 바닥면적 50m²마다 능력단위가 1단위 이상이어야 한다. ②는 해당 용도의 바닥면적 100m²마다 능력단위가 1단위 이상이어야 한다.
>
> **탑** ②

---

2 자동소화장치 [2급] [3급]

■ 주거용 자동소화장치

① 주거용 주방에 설치된 열발생 조리기구의 사용으로 인한 화재 발생 시 열원(전기 또는 가스)을 자동으로 차단하며 소화약제를 방출하는 소화장치를 말한다.

② **설치대상 : 아파트등** 및 오피스텔

③ **주거용 주방자동소화장치의 점검**

가스누설탐지부 점검	가스(점검용 가스 등)를 가스누설탐지부에 분사한다. ㉠ 화재 경보음이 발생하는지 확인한다. ㉡ 가스누설차단밸브가 작동하는지 확인한다(가스차단밸브가 잠긴다).
가스누설차단밸브 시험	㉠ 수동작동버튼을 눌러 작동이 되는지 확인한다. ㉡ 감지센서에 가열시험을 하여 1차 감지온도에서 가스차단밸브가 작동하는지 점검한다. ㉢ 가스누설탐지부의 작동시험으로 가스밸브가 작동하는지 점검한다.

예비전원시험	전원의 플러그를 뽑은 상태에서 제어판넬(수신부)의 예비 전원램프가 점등되면 정상이다.
감지부 시험	감지센서에 가열시험기로 가열하여 작동하는 방법으로서, 1차 감지하면 경보 및 가스차단밸브 작동, 2차 감지하면 소화약제가 방출된다.
제어반(수신부) 점검	제어반에서 자동점검 기능이 있어 가스센서나 온도센서 및 예비전원의 이상이 생기면 자동으로 점등되며, 소화기 상태의 이상이 있을 경우 경보음이 발생한다.
약제 저장용기 점검	㉠ 주거용 주방자동소화장치는 축압식과 가압식이 있으 며, 대부분 축압식으로 생산되고 있다. 소화약제도 분 말소화약제, 강화액소화약제 등 다양하게 생산되고 있다. ㉡ 축압식소화기는 지시압력계가 설치되어 있으며, 압력 상태가 초록색의 범위 내에 있는지 확인한다. ㉢ 가압식소화기는 가압설비 및 약제상태를 점검한다.

핵심기출문제

주거용 주방자동소화장치 점검사항이 아닌 것은?

① 가스누설탐지부 점검 ② 감지부 시험

③ 예비전원시험 ④ 방출표시등 점검

해설 주거용 주방자동소화장치의 점검사항은 가스누설탐지부 점검, 가스누 설차단밸브 시험, 예비전원시험, 감지부 시험, 제어반(수신부) 점검, 약 제저장용기 점검 등이다. 방출표시등 점검은 해당사항이 없다.

답 ④

3 옥내소화전설비 2급 3급

건축물 내에서 화재가 발생했을 때 소방대상물 관계자 또는 자체소방대원이 화재발생 초기에 신속하게 소화할 수 있도록 건물 내에 설치하는 물소화설비이다.

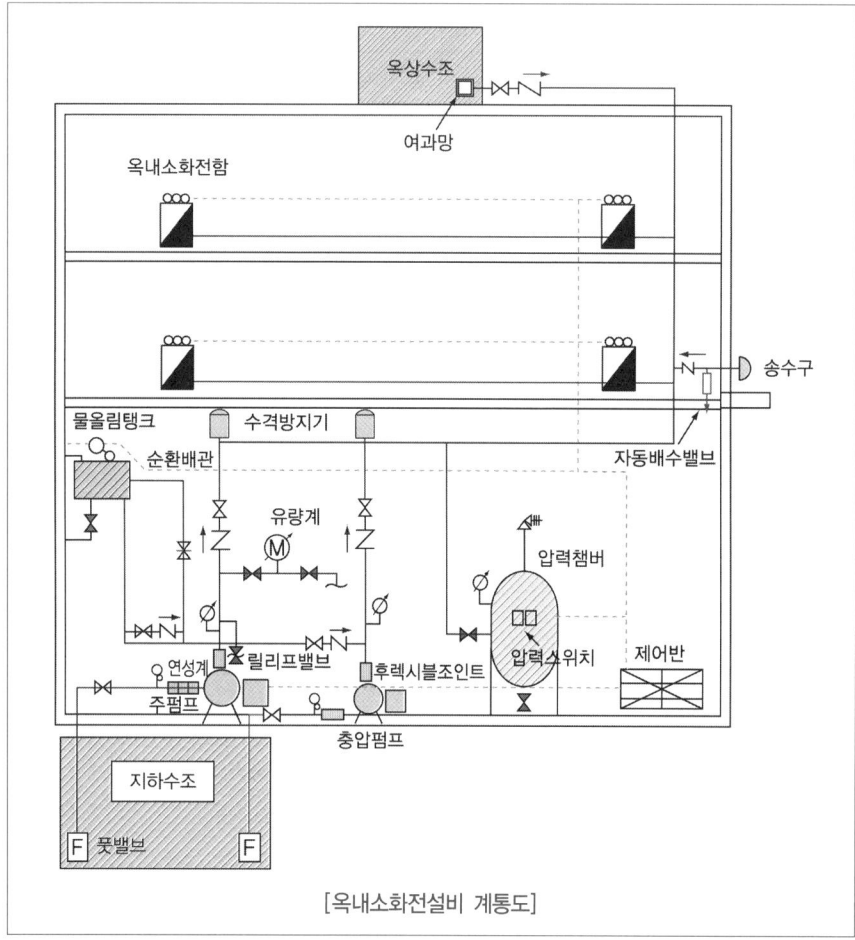

[옥내소화전설비 계통도]

■ 옥내소화전설비의 구조원리

① 옥내소화전설비의 성능

특정소방대상물의 어느 층이나 해당 층의 옥내소화전(2개 이상인 경우 2개, 고층건축물의 경우 최대 5개)을 동시에 방수할 경우 각 소화전 노즐에서	방수량	130L/min 이상
	방수압	0.17MPa 이상 0.7MPa 이하

핵심기출문제

옥내소화전설비의 성능 중 방수량의 기준으로 맞는 것은?

① 100L/min 이상　　　　② 130L/min 이상
③ 150L/min 이상　　　　④ 170L/min 이상

해설 옥내소화전설비의 성능 중 방수량의 기준은 130L/min 이상이다.

답 ②

② 옥내소화전설비의 구성
　㉠ 수원
　　ⓐ 수량

층	수원의 저수량
1~29층	N×2.6m³(130L/min·개×20분) 이상
30~49층	N×5.2m³(130L/min·개×40분) 이상
50층 이상	N×7.8m³(130L/min·개×60분) 이상

▶ 옥내소화전의 설치개수가 가장 많은 층의 설치개수 N(2개 이상 설치된 경우 2개, 층수가 30층 이상이거나 높이가 120미터 이상인 고층건축물의 경우 최대 5개) 〈호스릴 옥내소화전설비 포함〉

　　ⓑ 유효수량 : 타 소화설비와 수원이 겸용인 경우 각각의 소화설비 유효수량을 가산한 양 이상으로 한다.

핵심기출문제

지하 1층, 지상 5층인 ○○건물의 옥내소화전이 3층에 4개, 4층에 5개, 5층에 2개 설치되어 있다. 수원의 저수량을 구하면?

① 2.6m³　　　　② 4.3m³
③ 5.2m³　　　　④ 7.8m³

해설 30층 이하의 건물이므로 2개 이상 설치된 경우에도 2개를 기준으로 저수량을 계산해야 한다. 따라서 2.6m³ × 2 = 5.2m³이다.

답 ③

③ 가압송수장치

㉠ **펌프방식** : 기동용 수압개폐장치(압력챔버, 전자식 압력스위치)를 설치하여 소화전의 개폐밸브 개방 시 배관 내 압력 저하에 의하여 압력스위치가 작동함으로써 펌프를 기동하는 방식이다.

→ 주펌프는 전동기에 따른 펌프로 설치

㉡ **고가수조방식** : 자연낙차압을 이용하는 방식으로 최고층의 소화전에 규정 방수압을 얻을 수 있는 높이에 수조를 설치하여야 하므로 일반 건물에 거의 사용되지 못하고 있다.

㉢ **압력수조방식** : 압력수조 내 물을 압입하고 압축된 공기를 충전하여 송수하는 방식으로서 탱크의 **설치 위치에 구애받지 않는** 장점이 있다.

㉣ **가압수조방식** : 별도의 압력탱크에 가압원인 압축공기 또는 불연성 고압기체에 의해 소방용수를 가압하여 송수하는 방식으로 **전원이 필요 없다**.

④ 배관등

㉠ **순환배관**

펌프의 체절운전 시 수온이 상승하여 펌프에 무리가 발생하므로 순환배관상의 릴리프밸브를 통해 과압을 방출하여 수온상승을 방지하기 위해 설치한다.

㉡ **성능시험배관**

정기적으로 펌프의 성능을 시험하여 펌프 성능곡선의 양부(良否) 및 방수압과 토출량을 검사하기 위하여 설치한다.

㉢ **송수구** : 본격 화재진압 시 한정된 옥내소화전의 수원을 보충하기 위해 소방차로부터 물을 보낼 수 있는 송수구를 설치하여야 한다.

■ 옥내소화전함 등 설치기준

소화전함	옥내소화전설비의 함 표면에 "소화전"이라고 표시를 해야 하며, 함을 가까이 보기 쉬운 곳에 그 사용요령을 기재한 표지판을 붙여야 하며, 표지판을 함의 문에 붙이는 경우에는 문의 내부 및 외부 모두에 붙여야 한다.
방수구	㉠ 설치기준 : 층마다 설치하되 해당 특정소방대상물의 각 부분으로부터 하나의 옥내소화전 방수구까지의 수평거리가 **25m 이하**가 되도록 할 것. 다만 복층형 구조의 공동주택의 경우에는 세대의 출입구가 설치된 층에만 설치할 수 있다. ㉡ 바닥으로부터 높이가 **1.5m 이하**의 위치에 설치
표시등	㉠ 위치표시 설치위치 : 옥내소화전함의 상부 ㉡ 펌프 기동표시등 설치위치 : 가압송수장치의 기동을 표시하는 표시등은 옥내소화전함의 상부 또는 그 직근(적색등)

호스	⊙ 호스는 구경 40mm 이상의 것으로 물이 유효하게 뿌려질 수 있는 길이로 설치 ⓛ 호스릴 옥내소화전설비의 경우 25mm
관창(노즐)	⊙ 소방호스용 연결금속구 또는 중간연결금속구 등의 끝에 연결시켜 소화용수를 방수하게 하는 나사식 또는 차입식 토출기구 ⓛ 방사모양에 따라 봉상으로 방수되는 직사형과 봉상 및 분무 상태로 방수되는 방사형이 있다.

핵심기출문제

다음 중 방수구의 설치기준에 대한 설명으로 옳지 않은 것은?

① 방수구는 층마다 설치하되 특정소방대상물의 각 부분으로부터 1개의 옥내소화전 방수구까지의 수평거리는 15m 이하가 되도록 한다.

② 방수구는 바닥으로부터 높이가 1.5m 이하의 위치에 설치한다.

③ 표시등은 옥내소화전함의 상부에 설치한다.

④ 호스는 구경 40mm 이상의 것으로 물이 유효하게 뿌려질 수 있는 길이로 설치한다.

> 해설 방수구는 층마다 설치하되 특정소방대상물의 각 부분으로부터 1개의 옥내소화전 방수구까지의 수평거리는 25m 이하가 되도록 한다.
>
> 답 ①

---

⑤ 제어반

동력제어반	① 펌프의 동력(전원)을 제어하는 장치로 흔히 "MCC"(Motor Control Center)라고 부른다. ② 외함은 두께 1.5mm 이상의 강판 또는 이와 동등 이상의 강도 및 내열성능 있는 것
감시제어반	펌프 및 비상전원, 수조의 수위 및 각 회로의 작동, 이상 유무를 표시하는 장치로 자동화재탐지설비의 수신기에 기능을 추가하여 복합 수신기로 설치되는 경우가 많다.

■ 옥내소화전설비 점검

① 수원의 점검

수원의 양 적정 여부를 수조의 수위계 등을 이용하여 점검

② 방수압력 및 방수량 측정

어느 층에 있어서도 2개 이상 설치된 경우에는 2개(설치개수가 1개인 경우에는 1개)를 개방시켜 놓고 측정해야 한다.

작동기능점검 시 최상층 소화전을 이용한 방수상태 확인 점검

• 방수압력 측정 시 0.17MPa 이상
• 최상층 소화전 개방 시 소화펌프 자동기동 및 기동 표시등 확인

㉠ 방수압력 측정

방수구에 호스를 결속한 상태로 노즐의 선단에 방수압력측정계(피토게이지)를 근접(D/2)시켜서 측정하여 방수압력측정계(피토게이지)의 압력계상의 눈금을 확인한다.

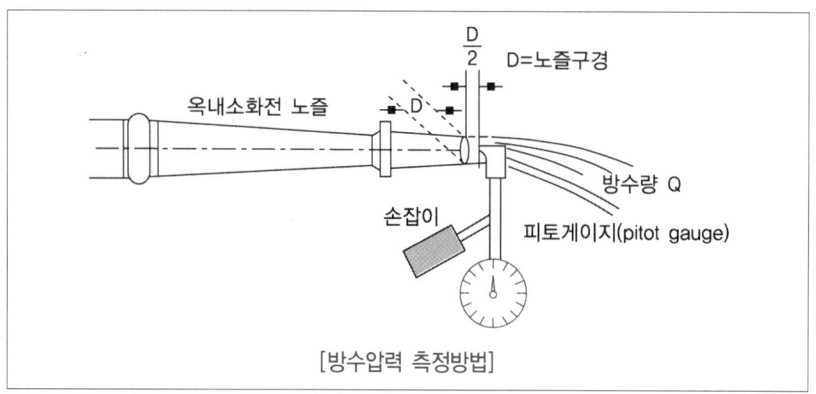

[방수압력 측정방법]

㉡ 방수량 산정

$$Q = 2.065 \times D^2 \times \sqrt{p}$$

Q : 분당방수량(L/min)
D : 관경(또는 노즐의 구경 mm)[옥내소화전 : 13mm, 옥외소화전 : 19mm]
p : 방수압력(MPa)

㉢ 주의사항

ⓐ 반드시 직사형 관창으로 측정
ⓑ 측정 전 이물질이나 공기 등을 완전히 배출한 후 측정(방수압력측정계 입구 막힘과 고장 방지)
ⓒ 봉상주수 상태에서 직각으로 측정

핵심기출문제

다음 중 옥내소화전 방수압력 및 방수량 측정에 대한 설명으로 옳지 않은 것은?

① 방수압력과 방수량의 측정은 어느 층에 있어서도 2개 이상 설치된 경우에는 2개(설치개수가 1개인 경우에는 1개)를 동시에 개방시켜 놓고 측정해야 한다.

② 반드시 직사형 관창을 이용하여 측정하여야 한다.

③ 초기 방수 시 물 속에 존재하는 이물질이나 공기 등이 완전히 배출된 후에 측정하여야 한다.

④ 방수압력측정계는 봉상주수상태에서 수평으로 측정하여야 한다.

해설 방수압력측정계는 봉상주수상태에서 직각으로 측정하여야 한다.

답 ④

③ 펌프성능시험

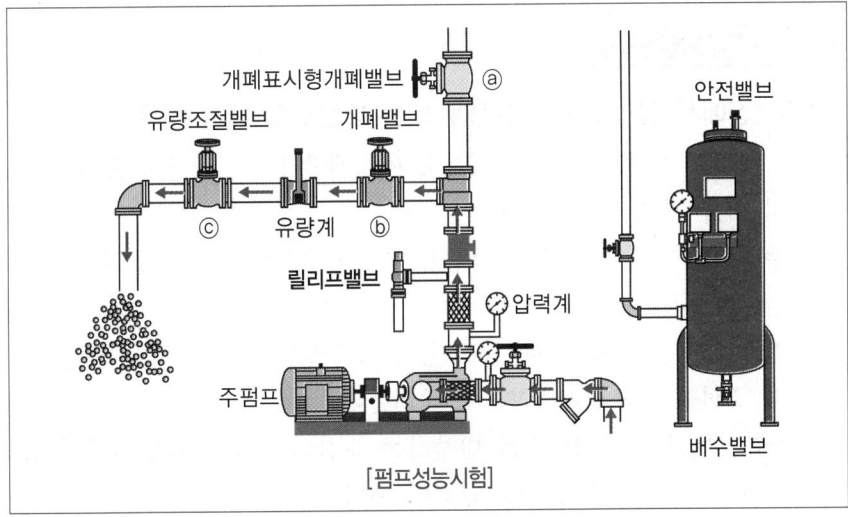

개폐표시형개폐밸브   ⓐ

유량조절밸브   개폐밸브   안전밸브

ⓒ   유량계   ⓑ

릴리프밸브   압력계

주펌프   배수밸브

[펌프성능시험]

준비	① 제어반에서 주, 충압펌프 정지 　　㉠ 감시제어반 : 선택스위치 정지위치 　　㉡ 동력제어반 : 선택스위치 수동위치 ② 펌프토출측 밸브[ⓐ] 폐쇄 ③ 설치된 펌프의 현황(토출량, 양정)을 파악하여 펌프성능시험을 위한 표 작성 ④ 유량계에 100%, 150% 유량 표시
체절운전	펌프토출측 밸브와 성능시험배관의 유량조절밸브[ⓒ]를 잠근 상태, 즉 펌프의 토출량을 "0"인 상태로 하여 펌프를 기동하여 체절압력을 확인하여 정격토출압력의 **140% 이하**인지와 체절운전 시 체절압력 미만에서 릴리프밸브가 동작하는지를 확인하는 시험이다.

정격부하운전 (100% 유량운전)	펌프를 기동한 상태에서 유량조절밸브를 개방하여 유량계의 유량이 정격유량상태(100%)일 때, 정격토출압 이상이 되는지를 확인하는 시험이다. ① 성능시험배관상의 개폐밸브[ⓑ] 완전 개방, 유량조절밸브 [ⓒ] 약간만 개방 ② 주펌프 수동기동 ③ 유량계를 보면서 유량조절밸브[ⓒ]를 서서히 개방하여 정격토출량(100% 유량)일 때의 압력 측정 ④ 주펌프 정지
최대운전 (150% 유량운전)	유량조절밸브를 더욱 개방하여 유량계의 유량이 정격토출량의 **150%**가 되었을 때 정격토출압의 **65% 이상**이 되는지를 확인하는 시험이다. ① 유량조절밸브[ⓒ]를 중간정도만 개방시켜 놓은 후, ② 주펌프 수동기동 ③ 유량계를 보면서 유량조절밸브[ⓒ]를 조절하여 정격토출량의 150%일 때의 압력 측정 ④ 주펌프 정지

▶ 핵심기출문제

체절운전에서 릴리프밸브 조정에 대한 내용으로 옳지 않은 것은?

① 스패너로 릴리프밸브 조절볼트를 반시계방향으로 적당히 돌려 스프링의 힘을 작게 해준다.

② 주펌프를 다시 기동시켜서 릴리프밸브에서 압력수가 방출되는지를 확인한다.

③ 만약 압력수를 방출하지 않으면, 릴리프밸브가 압력수를 방출할 때까지 조절볼트를 시계방향으로 돌려준다.

④ 릴리프밸브에서 압력수를 방출하는 순간의 압력계상의 압력이 당해 릴리프밸브에 세팅된 동작압력이 된다.

해설 만약 압력수를 방출하지 않으면, 릴리프밸브가 압력수를 방출할 때까지 조절볼트를 **반시계방향으로** 돌려준다.

답 ③

[펌프의 성능곡선]

④ 제어반 검검

		펌프운전 선택스위치는 **자동(AUTO)위치**에 있는지 확인한다. 선택스위치가 자동의 위치에 있어야 배관 내 압력저하 시 소화펌프가 자동으로 작동되므로 자동의 위치에 있는지 확인한다.
동력제어반의 스위치와 표시등		
감시제어반의 스위치와 표시등	펌프운전 선택스위치의 자동위치 여부	소화전 주펌프와 충압펌프의 운전 선택스위치가 **자동위치**에 있는지 확인한다. 만약 정지위치에 있다면 화재 시 소화전 밸브를 개방하여도 소화펌프는 작동하지 않으므로 정상위치에 있는지 반드시 확인하다.
	각종 표시등은 소등되어져 있는지 확인	**펌프압력스위치 표시등**과 **저수위감시스위치 표시등**이 소등되어져 있는지 확인하다. 만약 소화펌프가 작동되고 있지 않은 상태에서 펌프압력스위치 표시등이 점등되어져 있다면 화재가 발생하여도 소화펌프는 작동하지 않으며, 또한 평상시 소화수가 없음을 알려주는 저수위표시등이 점등되어져 있다면 소화수가 없으므로 소화펌프가 작동된다 하여도 소화수가 나오지 않게 되므로 제어반의 표시등 점등 여부를 주의 깊게 확인한다.

⑤ 소화전함 점검
　㉠ 소화전함 주변 장애물 등 사용에 지장을 초래하는 물건적재 여부
　㉡ 소화전함 상부 기동 표시등 및 사용설명서, 사용요령 표지(외국어 병기) 등 관리상태 여부 확인(사용요령을 함의 문에 붙이는 경우 문의 내부 및 외부에 모두 부착)

4 옥외소화전설비 2급

건축물 외부에 설치하는 물소화설비로서 화재 시 소방대상물의 외부에서 소화 및 인접 건축물에 대한 연소확대 방지를 위하여 설치하는 설비이다.

◼ 옥외소화전설비의 구조원리

옥외소화전설비의 성능	방수량	350L/min 이상이 되도록 설치
	방수압력	2개의 소화전(설치개수가 1개인 경우에는 1개)을 동시 사용할 경우 각 노즐선단 방수압력이 0.25MPa 이상 0.7MPa 이하
	종류	지상용과 지하용(승하강식 포함)으로 구분
수원의 용량		소화전 설치개수(2개 이상일 때는 2개)에 7m³를 곱한 양 이상일 것
기타		• 옥내소화전설비와 유사 • 소화전함, 방수구의 규격 등은 다름

핵심기출문제

옥외소화전설비의 성능기준 중 방수량 기준으로 맞는 것은?

① 150L/min 이상
② 250L/min 이상
③ 350L/min 이상
④ 450L/min 이상

해설 방수량은 350L/min 이상이 되도록 설치한다.

답 ③

◼ 옥외소화전 설치기준

설치위치	소방대상물의 각 부분으로부터 호스접결구까지의 수평거리가 40m 이하가 되도록 설치
호스의 구경	65mm

▸ 옥외소화전의 토출구(방수구)의 안지름은 63.5mm로 65mm 호스와 연결하여 사용한다(지상용과 지하용 동일).

■ 옥외소화전함 등

① 설치기준

옥외소화전 1~10개	옥외소화전마다 5m 이내의 장소에 1개 이상의 소화전함 설치
옥외소화전 11~30개	11개 이상의 소화전함을 각각 분산하여 설치
옥외소화전 31개~	옥외소화전 3개마다 1개 이상의 소화전함 설치

② 옥외소화전함의 상부 또는 그 직근에는 적색등(가압송수장치의 기동명시)을 설치

③ 호스 : 구경 65mm

■ 옥내소화전설비와 옥외소화전설비의 비교

구분	옥내소화전설비	옥외소화전설비
방수량	130L/min 이상	350L/min 이상
방수압	0.17MPa 이상 0.7MPa 이하	0.25MPa 이상 0.7MPa 이하
최소방출시간	• 20분 : 29층 이하 • 40분 : 30~49층 • 60분 : 50층 이상	• 20분

핵심기출문제

옥외소화전설비의 성능기준 중 방수압력 기준으로 맞는 것은? (단, 2개의 소화전을 동시에 사용할 경우)

① 0.17~0.7MPa

② 0.25~0.7MPa

③ 0.37~0.8MPa

④ 0.45~1.0MPa

해설 옥외소화전설비의 성능기준 중 방수압력 기준은 0.25~0.7MPa이다.

답 ②

5 　스프링클러설비 　2급

화재가 발생한 경우에 소방대상물의 천장, 벽 등에 설치되어 있는 스프링클러헤드에서 자동으로 물이 방사되어 냉각 및 질식효과를 통해 화재를 진압할 수 있는 자동식 소화설비이다.

■ 스프링클러설비의 구조원리

① 헤드

　㉠ 구조

프레임	헤드의 나사부분과 디플렉타를 연결하는 이음쇠 부분
디플렉타	헤드의 방수구에서 유출되는 물을 세분시킴
감열체	열에 의해서 일정한 온도에 이르면 스스로 파괴 또는 용해되어 헤드로부터 탈락하여 방수구가 열리고 스프링클러헤드가 작동되도록 하는 부분

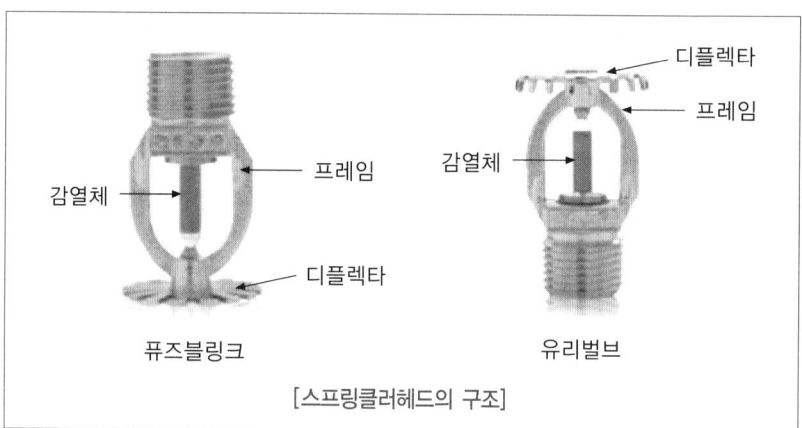

[스프링클러헤드의 구조]

핵심기출문제

스프링클러헤드의 구조 중 헤드의 방수구에서 유출되는 물을 세분시키는 작용을 하는 것은?

① 프레임　　　　　　　　② 디플렉타
③ 퓨즈블링크　　　　　　④ 유리벌브

해설 　스프링클러의 구조 중 헤드의 방수구에서 유출되는 물을 세분시키는 작용을 하는 것은 디플렉타이다.

답 ②

ⓛ 종류

감열체의 유무에 따른 분류	폐쇄형 스프링클러헤드	정상상태에서 방수구를 막고 있는 감열체가 일정온도에서 자동적으로 파괴·용융 또는 이탈됨으로써 방수구가 개방되는 헤드
	개방형 스프링클러헤드	감열체 없이 방수구가 항상 열려져 있는 스프링클러헤드
부착방식에 따른 분류	상향형, 하향형, 측벽형	

ⓒ 방수압력 및 방수량

| 기준개수의 모든 헤드로부터 | 방수압력 | 0.1MPa 이상 1.2MPa 이하 |
| | 방수량 | 80L/min 이상 |

핵심기출문제

다음 중 스프링클러설비의 구조원리에 대한 내용으로 옳지 않은 것은?

① 헤드의 방수구에서 유출되는 물을 세분시키는 작용을 하는 것을 디플렉타라고 한다.

② 정상상태에서 방수구를 막고있는 감열체가 일정온도에서 자동적으로 파괴·용해 또는 이탈됨으로써 방수구가 개방되는 헤드를 폐쇄형 스프링클러헤드라고 한다.

③ 스프링클러헤드의 방수압력은 0.1MPa 이상 1.2MPa 이하이어야 한다.

④ 스프링클러헤드의 방수량은 130L/min 이상이어야 한다.

> **해설** 스프링클러헤드의 방수량은 80L/min 이상이어야 한다.
>
> **답** ④

ⓔ 헤드의 기준개수

스프링클러설비의 설치장소에 따라 적용하는 헤드의 기준개수는 다음 페이지의 표와 같다. 이때, 하나의 소방대상물이 2 이상의 "스프링클러설비의 기준개수"란에 해당하는 때에는 기준개수가 많은 것을 기준으로 한다.

KEY POINT

암기노트 ✏️

공·특·③·근·판·
수·복·③

스프링클러설비 설치장소			기준개수 (개)
지하층을 제외한 층수가 10층 이하인 특정소방대상물	공장	특수가연물을 저장·취급하는 것	③0
		그 밖의 것	20
	근린생활시설·판매시설·운수시설 또는 복합건축물	판매시설 또는 복합건축물 (판매시설이 설치되는 복합건축물)	③0
		그 밖의 것	20
	그 밖의 것	헤드의 부착높이가 8m 이상인 것	20
		헤드의 부착높이가 8m 미만인 것	10
지하층을 제외한 층수가 11층 이상인 특정소방대상물·지하가 또는 지하역사			30

[비고]

하나의 소방대상물이 2 이상의 "스프링클러헤드의 기준개수"란에 해당하는 때에는 기준개수가 많은 것을 기준으로 한다. 다만, 각 기준개수에 해당하는 수원을 별도로 설치하는 경우에는 그렇지 않다.

② 수원

저수량	폐쇄형 스프링클러헤드를 사용하는 경우		헤드 기준개수×1.6m³ 이상
	개방형 스프링클러헤드를 사용하는 경우	최대 방수구역에 설치된 헤드의 개수가 30개 이하	설치헤드수×1.6m³ 이상
		30개를 초과하는 경우	수리계산에 따를 것
수원의 종류 및 기타 기준			옥내소화전설비 준용

③ 배관

가지배관	스프링클러헤드가 설치되어 있는 배관 ⓐ 토너먼트방식이 아닐 것 ⓑ 교차배관에서 분기되는 지점을 기준으로 한쪽 가지배관에 설치되는 헤드의 개수 : **8개 이하**
교차배관	직접 또는 수직배관을 통하여 가지배관에 급수하는 배관 ⓐ 위치 : 가지배관과 수평으로 또는 밑에 설치 ⓑ 청소구는 교차배관 끝에 설치하고 나사보호용의 캡으로 마감

④ 유수검지장치

배관 내의 유수현상을 자동적으로 검지하여 신호 또는 경보를 발하는 장치를 말한다.

■ 스프링클러설비의 종류

① 습식

습식 유수검지장치(알람밸브)를 중심으로 1,2차측 배관이 가압수로 유지되어 있다가 화재 시 열에 의한 헤드 개방으로 배관 내의 유수가 발생하여 소화하는 방식을 말한다.

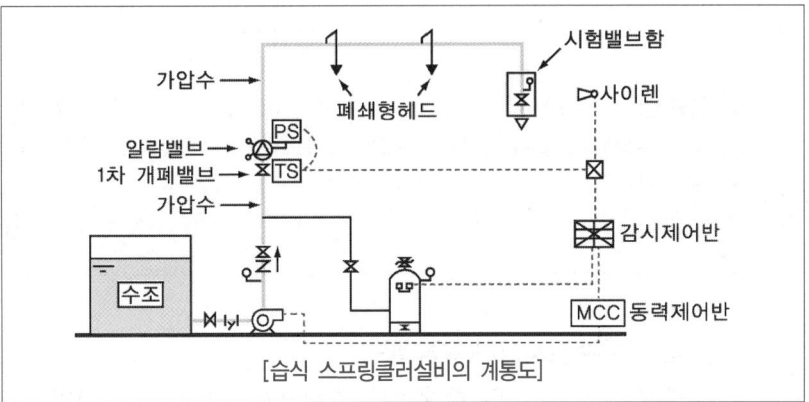

[습식 스프링클러설비의 계통도]

㉠ 작동순서

@ 화재발생

⇩

ⓑ 헤드 개방 및 방수

⇩

ⓒ 2차측 배관 압력 저하

⇩

ⓓ 1차측 압력에 의해 습식 유수검지장치의 클래퍼 개방

⇩

ⓔ 습식 유수검지장치의 압력스위치 작동 → 사이렌 경보, 감시제어반의 화재표시등, 밸브개방표시등 점등

⇩

ⓕ 배관 내 압력저하로 기동용수압개폐장치의 압력스위치 작동 → 펌프 기동

핵심기출문제

스프링클러설비 중 유수검지장치를 중심으로 1, 2차측 배관이 항상 가압
수로 유지되어 있다가 화재 시 열에 의한 헤드의 개방으로 배관 내의 유
수가 발생하여 소화하는 방식은?

① 습식   ② 건식
③ 준비작동식   ④ 부압식

해설 유수검지장치를 중심으로 1, 2차측 배관이 가압수로 항상 유지되어 있
다가 화재 시 열에 의한 헤드의 개방으로 살수되어 소화하는 방식은
습식이다.

답 ①

ⓒ 습식 유수검지장치(알람밸브)

밸브 본체 내부의 클래퍼를 중심으로 2차측(헤드측)의 수압이 낮
아짐 → 1차측(펌프측)의 압력으로 클래퍼가 개방 → 시트링 홀
로 물이 들어가 압력스위치를 동작시킴 → 제어반에 사이렌, 화
재표시등, 밸브개방표시등의 신호를 전달

② 건식

건식밸브를 중심으로 1차측 배관은 가압수로, 2차측 배관은 압축공
기 또는 축압된 가스상태로 유지되며 화재 시 열에 의한 헤드 개방
후 압축공기 또는 가압가스의 방출로 인한 배관의 압력차의 발생으
로 살수되는 방식이다.

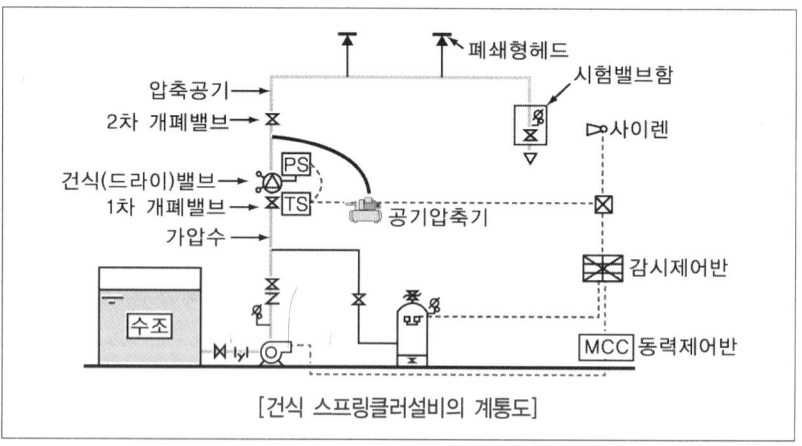

[건식 스프링클러설비의 계통도]

③ 준비작동식

준비작동식 유수검지장치(프리액션밸브)를 중심으로 1차측은 가압수로, 2차측은 대기압 상태로 유지되어 있다가 화재발생 시 감지기의 작동으로 2차측 배관에 소화수가 충수된 후 화재 시 열에 의한 헤드 개방으로 배관 내의 유수가 발생하여 소화하는 방식이다.

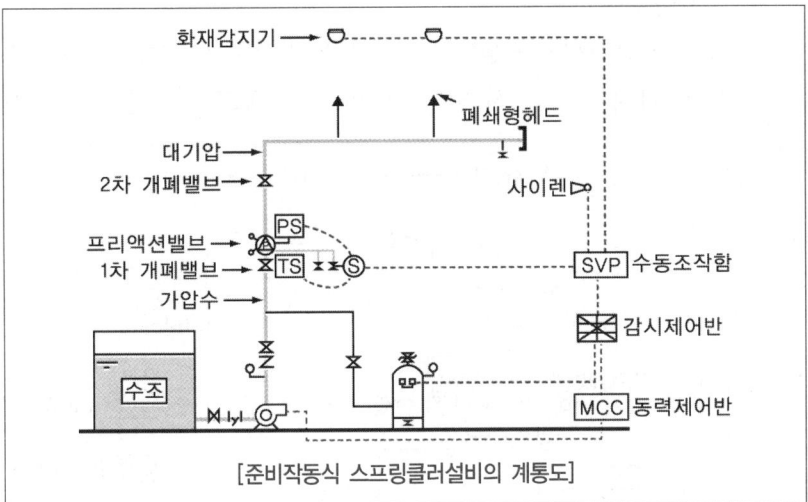

[준비작동식 스프링클러설비의 계통도]

㉠ 작동순서

> ⓐ 화재발생

⇩

> ⓑ 교차회로 방식의 A or B감지기 작동(경종 또는 사이렌 경보, 화재표시등 점등)

⇩

> ⓒ 감지기 A and B 감지기 작동 또는 수동기동장치(SVP) 작동

⇩

> ⓓ 준비작동식 유수검지장치 작동
> ㉮ 전자밸브(솔레노이드밸브) 작동
> ㉯ 중간챔버 감압
> ㉰ 밸브 개방
> ㉱ 압력스위치 작동 ⇨ 사이렌 경보, 밸브개방표시등 점등

⇩

> ⓔ 2차측으로 급수

⇩

> ⓕ 헤드 개방, 방수

⇩

> ⓖ 배관 내 압력저하로 기동용수압개폐장치의 압력스위치 작동 → 펌프 기동

ⓛ 준비작동식 유수검지장치(프리액션밸브)

A,B 감지기 모두 동작 → 중간챔버와 연결된 전자밸브(솔레노이드밸브) 개방 → 중간챔버의 물이 배수 → 클래퍼가 밀려 1차측 배관의 물이 2차측으로 유수

④ 일제살수식

일제개방밸브를 중심으로 1차측은 가압수로, 2차측은 대기압 상태이며 감지기 작동 시 담당구역의 모든 헤드에서 살수되는 방식이다.

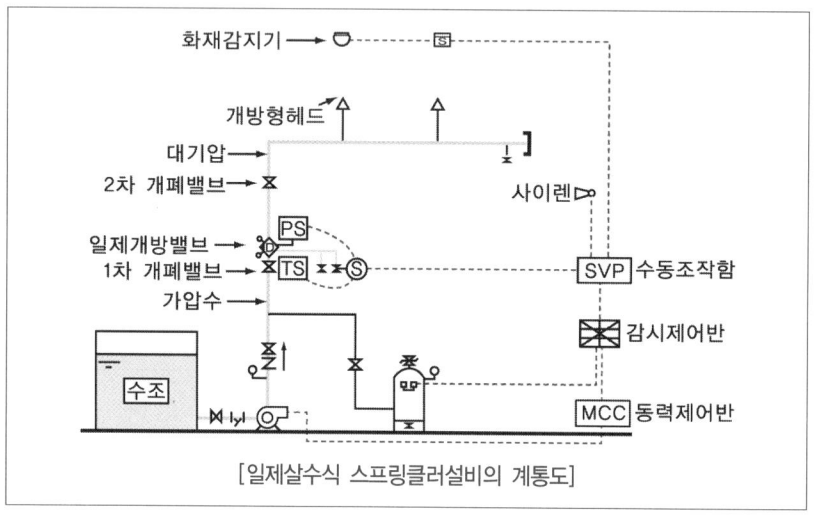

[일제살수식 스프링클러설비의 계통도]

스프링클러설비의 종류

구분	특징	주요 구성요소	장·단점		헤드 형태
습식	1차측, 2차측 모두 가압수	자동경보밸브 압력스위치 탬퍼스위치	장점	- 간단한 구조, 저렴한 공사비 - 신속한 소화 가능 - 타 방식에 비해 유지 관리 용이	폐쇄형
			단점	- 동결 우려 장소 사용제한 - 수손피해 및 배관 부식 촉진	
건식	1차측 가압수 2차측 압축공기 또는 질소가스	건식밸브 가속기 공기배출기 공기압축기 압력스위치 탬퍼스위치	장점	- 동결 우려 장소 및 옥외 사용 가능	
			단점	- 구조가 복잡하고 살수개시 시간이 늦음 - 압축공기로 인한 화재 촉진 우려 - 상향형으로 시공하여야 함	

준비 작동식	1차측 가압수 2차측 대기압	준비작동밸브 수동조작함 압력스위치 화재감지기 수동기동장치 (긴급해제밸브) 템퍼스위치	장점	– 동결 우려 장소 사용 가능 – 수손피해 우려 없다. – 헤드개방 전 경보로 조기 대 처 용이	폐쇄형
			단점	– 별도의 감지기 시공 필요 – 복잡한 구조, 고가의 시공비 – 2차측 배관 부실시공 우려	
일제 살수식	1차측 가압수 2차측 대기압	일제개방밸브 화재감지기 수동기동장치 탬퍼스위치	장점	– 초기화재에 신속 대처 용이 – 높은 층고의 장소에서도 소 화가능	개방형
			단점	– 대량살수로 인한 수손 피해 우려 – 별도의 화재감지장치 필요	

핵심기출문제

스프링클러설비의 종류 중 별도의 감지장치를 필요로 하는 방식 2개는?

① 습식 스프링클러설비, 일제살수식 스프링클러설비
② 준비작동식 스프링클러설비, 부압식 스프링클러설비
③ 건식 스프링클러설비, 준비작동식 스프링클러설비
④ 준비작동식 스프링클러설비, 일제살수식 스프링클러설비

해설 준비작동식 스프링클러설비, 일제살수식 스프링클러설비 2종류는 별도의 감지장치를 필요로 한다.

답 ④

▣ 스프링클러설비의 점검

① 습식 스프링클러설비의 점검

준비	경보로 인한 혼란을 방지하기 위해 사전 통보 후 점검하거나 또는 수신반에서 경보스위치를 정지시킨 후 시험에 임한다.
작동	ⓐ 시험밸브를 개방하여 가압수를 배출시킨다. ⓑ 알람밸브 2차측 압력이 저하되어 클래퍼가 개방(작동)된다. ⓒ 지연장치에 의해 설정시간 지연 후 압력스위치가 작동된다.
확인사항	ⓐ 감시제어반(수신기) 확인사항 　㉮ 화재표시등 점등 확인 　㉯ 해당구역 밸브개방표시등 점등 확인 ⓑ 해당 방호구역의 경보(사이렌)상태 확인 ⓒ 소화펌프 자동기동 여부 확인

복구	펌프 자동정지 시	ⓐ 시험밸브를 잠근다. ⓑ 가압수에 의해 2차측 배관이 가압되면 클래퍼가 자동으로 복구되며 배관 내 압력을 채운 뒤 펌프는 자동으로 정지된다.
	펌프 수동정지 시	ⓐ 시험밸브를 잠근다. ⓑ 충압펌프는 자동상태로 두고, 주펌프만 수동으로 정지한다. 가압수에 의해 2차측 배관이 가압되면 클래퍼가 자동으로 복구되며 배관 내 압력을 채운 뒤 충압펌프는 자동으로 정지된다.

② 준비작동식 스프링클러설비의 점검

준비	경보로 인한 혼란을 방지하기 위해 사전 통보 후 점검하거나, 또는 수신반에서 경보스위치를 정지시킨 후 시험에 임한다. 2차측 개폐밸브를 잠그고 배수밸브를 개방시킨 상태로 점검한다.
작동	준비작동식 유수검지장치를 작동시키는 방법은 다음과 같다. ⓐ 해당 방호구역의 감지기 2개 회로 작동 ⓑ SVP(수동조작함)의 수동조작스위치 작동 ⓒ 밸브 자체에 부착된 수동기동밸브 개방 ⓓ 감시제어반(수신기)측의 준비작동식 유수검지장치 수동기동스위치 작동 ⓔ 감시제어반(수신기)에서 동작시험 스위치 및 회로선택 스위치로 작동(2회로 작동)
확인 사항	ⓐ A or B감지기 작동 시 　㉮ 화재표시등, A감지기 or B감지기 지구표시등 점등 여부 확인 　㉯ 경종 또는 사이렌 경보 확인 ⓑ A and B감지기 작동 시 　㉮ 화재표시등 및 A감지기, B감지기 지구표시등 점등 여부 확인 　㉯ 전자밸브(솔레노이드밸브) 작동 여부 확인 　㉰ 화재수신반 밸브개방표시등 점등 여부 확인 　㉱ 사이렌 경보 확인 　㉲ 펌프 자동기동 여부 확인

	ⓐ 1차측 개폐밸브 폐쇄로 펌프 정지(또는 수동 정지)
복구	ⓑ 제어반 복구
	＊전자밸브 복구(수동식에 한함)
	ⓒ 배수밸브 폐쇄
	ⓓ 세팅밸브 개방으로 중간챔버에 급수
	ⓔ 1차측 압력계가 상승하면 1차측 개폐밸브 서서히 개방
	ⓕ 2차측 압력계가 상승하지 않으면 정상 복구, 상승하면 배수부터 다시 실시
	ⓖ 세팅밸브 폐쇄
	ⓗ 2차측 개폐밸브 서서히 개방
	ⓘ 펌프를 수동으로 정지한 경우 제어반을 자동으로 놓는다.

핵심기출문제

준비작동식 유수검지장치를 작동시키는 방법으로 틀린 것은?

① 해당 방호구역의 감지기 2개 회로 작동

② 밸브 자체 부착된 수동기동밸브 개방

③ SVP(수동조작함)의 수동조작스위치 작동

④ 감시제어반(수신기)에서 동작시험 스위치로 작동

해설 감시제어반(수신기)에서 동작시험 스위치 및 회로선택 스위치로 작동 (2회로 작동)해야 한다.

답 ④

6 가스계소화설비 2급

■ 가스계소화설비

약제종류에 의한 분류	이산화탄소 소화설비	이산화탄소를 고압가스용기에 저장해 두었다가 화재 발생 시 수동 또는 자동조작에 의하여 배관을 통해 화재지점에 이산화탄소를 방출하여 질식 및 냉각작용으로 화재를 소화하는 설비이며, 고압식과 저압식으로 분류된다.
	할론소화설비	불연성가스인 할론 소화약제를 사용하여 화재 발생 시 할로겐원자의 억제작용에 의하여 질식·냉각작용 및 연쇄반응을 억제하는 소화설비이며, 축압식과 가압식으로 분류된다.

약제종류에 의한 분류	할로겐화합물 및 불활성기체 소화설비	할론(1211 · 1301 · 2402) 외의 할로겐화합물 및 불활성기체 계열의 소화약제를 이용하여 소화하는 설비이다.
약제방출방식에 의한 분류	전역방출방식	고정식 소화약제 공급장치에 배관 및 분사헤드를 고정 설치하여 밀폐 방호구역 내에 소화약제를 방출하는 설비를 말한다.
	국소방출방식	고정식 소화약제 공급장치에 배관 및 분사헤드를 설치하여 직접 화점에 소화약제를 방출하는 설비로 화재 발생부분에만 집중적으로 소화약제를 방출하도록 설치하는 방식을 말한다.
	호스릴방식	분사헤드가 배관에 고정되어 있지 않고 소화약제 저장용기에 호스를 연결하여 사람이 직접 화점에 소화약제를 방출하는 이동식소화설비를 말한다.

이산화탄소소화설비의 장단점

장점	• 심부화재에 적합하다. • 화재진화 후 깨끗하다. • 피연소물에 피해가 적다. • 비전도성이므로 전기화재에 좋다.
단점	• 사람에게 질식의 우려가 있다. • 방사 시 동상의 우려와 소음이 크다. • 설비가 고압으로 특별한 주의와 관리가 필요하다.

핵심기출문제

다음 중 이산화탄소소화설비의 장점에 해당하지 않는 것은?

① 화재진화 후 깨끗하다.
② 소음이 적고 인체에 무해하다.
③ 심부화재에 적합하다.
④ 피연소물에 피해가 적다.

해설 방사 시 동상의 우려와 소음이 크고 사람에게 질식의 우려가 있다.

답 ②

주요 구성요소	
저장용기	가스계소화약제소화설비는 「고압가스안전관리법」에 의한 액화가스 또는 압축가스에 적용되기에 약제를 저장하는 용기 또한 「고압가스관리법」에 의한 기밀시험과 내압시험에 합격한 제품을 사용하여야 한다.
기동용 가스용기	가스계소화설비에서 가장 일반적으로 사용되는 기동방식으로 감지기 동작신호에 따라 솔레노이드밸브의 파괴침이 작동하면 기동용기의 기동용가스가 동관을 통하여 방출되어 저장용기의 봉판을 파괴하여 소화약제가 방출하게 된다.
솔레노이드밸브	솔레노이드밸브는 전기적인 신호에 의하여 자동으로 격발되는 자동방식과 수동으로 안전핀을 뽑고 솔레노이드밸브의 수동조작버튼을 눌러서 격발하는 수동방식이 있다. 솔레노이드밸브가 작동하면 파괴침이 기동용기밸브의 동판을 파괴하고 기동용 가스가 방출된다.
압력스위치	가스관 선택밸브 2차측에 설치하여, 소화약제 방출 시의 압력을 이용하여 접점신호를 형성하여 제어반에 입력시켜 방출표시등을 점등시키는 역할을 한다.
선택밸브	가스계소화설비에서 2개소 이상의 방호구역 또는 방호대상물에 대해 소화약제 저장용기를 공용으로 사용하는 경우에 사용하는 밸브로서 자동 또는 수동개방장치에 의해 개방되는 것을 말한다.
수동조작함 (수동식기동장치)	화재 시 수동조작에 의해 소화약제를 방출하는 기능의 기동스위치와 오동작 시 방출을 지연시킬 수 있는 방출지연스위치, 보호장치, 전원표시등이 함께 내장된 조작함이다.
방출표시등	소화약제 방출압에 의한 압력스위치의 작동에 의해 점등되어 방호구역 안으로 거주자의 진입을 방지할 목적으로 설치한다.
방출헤드	전역방출방식인 경우 넓은 지역에 균일하게 확산, 방사하는 천장형과 국소지점만 방사하는 혼(나팔형), 측벽형 등이 있다.

▣ 가스계소화설비의 점검

① 점검 전 안전조치

1단계	① 기동용기에서 선택밸브에 연결된 조작동관 분리
	② 기동용기에서 저장용기에 연결된 개방용 동관 분리
2단계	③ 제어반의 솔레노이드밸브 연동정지
3단계	④ 솔레노이드밸브 안전핀 체결 후 분리, 안전핀 제거 후 격발 준비

② 점검 및 확인

⑦ 기동용기 솔레노이드밸브 격발시험방법

| 수동조작버튼
작동
[즉시격발] | ⇨ | 수동조작함
작동 | ⇨ | 교차회로 감지기
동작 | ⇨ | 제어반 수동조작
스위치 동작 |

ⓒ 동작확인

ⓐ 작동계통 정상 여부 확인

ⓑ 지연장치의 지연시간 체크 확인

ⓒ 경보발령 여부 확인

ⓓ 솔레노이드밸브 작동 여부 확인

ⓔ 자동폐쇄장치 작동 및 환기장치 정지 여부 확인

ⓒ 방출표시등 작동시험방법

1단계	압력스위치의 테스트 버튼을 당긴다.
2단계	방출표시등 점등 확인 수동조작함 방출등 점등 확인 제어반 방출표시등 확인
3단계	테스트 버튼을 다시 눌러 복구한다.

ⓔ 방출표시등 작동 확인사항

ⓐ **방호구역 출입문 상단**에 설치된 방출표시등의 점등 여부

ⓑ **수동조작함**(수동기동장치) 방출등(적색) 점등 여부

ⓒ **제어반**의 방출표시등

③ 점검 후 복구방법

1단계	제어반의 복구스위치 복구
2단계	제어반의 솔레노이드밸브 연동정지
3단계	솔레노이브밸브 복구 : 작동점검 시 격발된 솔레노이드밸브를 복구
4단계	솔레노이드밸브에 안전핀을 체결 후 기동용기에 결합
5단계	제어반의 스위치를 연동상태 확인 후 솔레노이드밸브에서 안전핀 분리
6단계	점검 전 분리했던 조작동관을 결합

3 경보설비

1 자동화재탐지설비 `2급` `3급`

화재초기에 발생되는 열, 연기 또는 불꽃 등을 감지기에 의해 감지하여 자동적으로 경보를 발함으로써 화재를 조기에 발견하여, 조기통보, 초기소화, 조기피난을 가능하게 하기 위한 설비이다.

■ 자동화재탐지설비의 구조 원리

① 수신기

　㉠ 감지기 또는 발신기로부터 발하여진 화재신호를 직접 또는 중계기를 거쳐 수신하여 화재의 발생을 해당 건물 관계자에게 표시하고 음향장치로 알려주는 것으로서 다음과 같이 분류된다.

P형 수신기	일반적으로 사용되며 각 회로별 경계구역을 표시하는 지구표시등이 설치되어 있다.
R형 수신기	고유의 신호를 수신하는 것으로서 숫자 등의 기록장치에 의해 표시되며 동일구내 다수동이나 초고층빌딩 등과 같이 회선수가 매우 많은 대상물에 설치한다.

경계구역

자동화재탐지설비의 1회선(회로)이 화재의 발생을 유효하고 효율적으로 감지할 수 있도록 적당한 범위를 정한 구역을 말한다.
① 하나의 경계구역이 2개 이상의 건축물에 미치지 아니하도록 할 것
② 하나의 경계구역이 2 이상의 층에 미치지 아니하도록 할 것. 다만, 5̄00m² 이하의 범위 안에서는 2개의 층을 하나의 경계구역으로 할 수 있다.
③ 하나의 경계구역의 면적 6̄00m² 이하로 하고 한 변의 길이는 △5̄0m 이하로 할 것. 다만, 해당 특정소방대상물의 주된 출입구에서 그 내부 전체가 보이는 것에 있어서는 한 변의 길이가 △5̄0m의 범위 내에서 1,0̄00m² 이하로 할 수 있다.

    ○ 설치기준

        ⓐ 수신기가 설치된 장소에는 경계구역 일람도를 비치할 것

        ⓑ 수신기의 조작스위치의 높이 : 바닥으로부터의 높이가 0.8m 이상 1.5m 이하

        ⓒ 수위실 등 상시 사람이 근무하고 있는 장소에 설치

핵심기출문제

아래 건축물에서 경계구역의 개수로 맞는 것은? (면적을 제외한 나머지 조건은 무시한다)

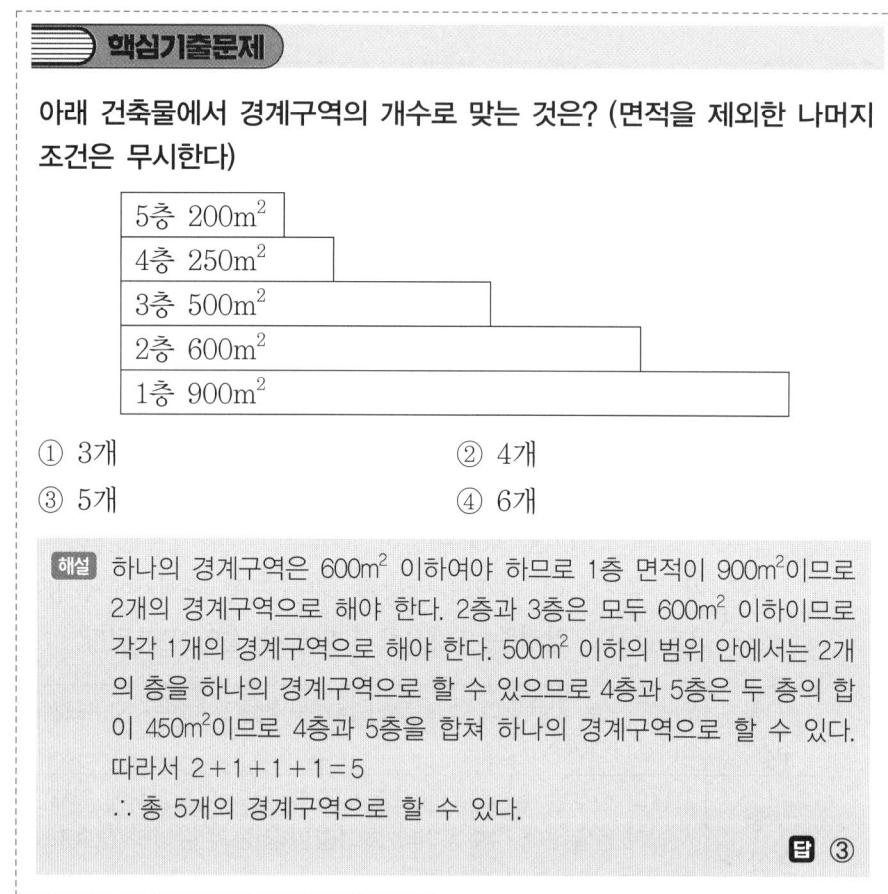

| 5층 200m² |
| 4층 250m² |
| 3층 500m² |
| 2층 600m² |
| 1층 900m² |

① 3개   ② 4개

③ 5개   ④ 6개

> **해설** 하나의 경계구역은 600m² 이하여야 하므로 1층 면적이 900m²이므로 2개의 경계구역으로 해야 한다. 2층과 3층은 모두 600m² 이하이므로 각각 1개의 경계구역으로 해야 한다. 500m² 이하의 범위 안에서는 2개의 층을 하나의 경계구역으로 할 수 있으므로 4층과 5층은 두 층의 합이 450m²이므로 4층과 5층을 합쳐 하나의 경계구역으로 할 수 있다.
> 따라서 2+1+1+1=5
> ∴ 총 5개의 경계구역으로 할 수 있다.
>
> **답 ③**

---

  ② 발신기

    화재 발견자가 수동으로 작동스위치를 눌러 수신기에 신호를 보내는 것

설치기준	① 스위치는 바닥으로부터 0.8m 이상 1.5m 이하의 높이에 설치
	② 층마다 설치하되, 하나의 발신기까지의 수평거리가 25m 이하가 되도록 설치
작동원리	① 작동 : 발신기 작동스위치 누름 → 발신기 작동표시등 점등, 수신기 작동(화재표시등, 지구표시등, 발신기응답표시등, 경보장치 작동)
	② 복구 : 발신기 작동스위치 원 위치로 복구 → 발신기 작동표시등 및 응답표시등 소등 → 수신기 복구스위치 누름 → 수신기 복구(화재표시등, 지구표시등, 경보장치 복구)

③ 감지기

화재 시 발생하는 열, 연기 또는 불꽃 등을 감지하여 자동적으로 화재신호를 수신기에 전달하는 장치를 말한다.

㉠ 감지기의 종류

구분	특징	종류별 구조
차동식 스포트형 감지기	주위온도가 **일정상승률** 이상이 되는 경우에 작동(거실, 사무실 등)	① 구조 : 감열실, 다이아프램, 리크구멍, 접점 등으로 구분 ② 동작원리 : 화재 시 온도상승 → 감열실 내의 공기가 팽창 → **다이아프램을 압박** → 접점이 붙어 화재신호를 수신기에 보냄
정온식 스포트형 감지기	주위온도가 **일정온도** 이상이 되었을 때 작동(보일러실, 주방 등)	① 구조 : 바이메탈, 감열판 및 접점 등으로 구분 ② 동작원리 : 화재 시 감열판에 열전달 → **바이메탈이 휘어져 가동접점으로 이동** → 접점이 붙어 화재신호를 수신기에 보냄
연기감지기	이온화식 스포트형, 광전식 스포트형 (계단, 복도 등)	① 이온화식 스포트형 : 주위 공기가 일정농도 이상의 연기를 포함하게 될 경우 작동 ② 광전식 스포트형 : 연기에 포함된 미립자가 광원에서 방사되는 광속에 의해 **산란반사**를 일으키는 것을 이용

핵심기출문제

주위 온도가 일정상승률 이상이 되는 경우에 작동되는 감지기로 거실, 사무실 등에 사용되는 것은?

① 정온식 스포트형 감지기
② 연기감지기
③ 차동식 스포트형 감지기
④ 정온식 감지선형 감지기

해설 주위 온도가 일정상승률 이상이 되는 경우에 작동되는 감지기로 거실, 사무실 등에 사용되는 것은 차동식 스포트형 감지기이다.

답 ③

이온화식과 광전식 감지기 차이점

구분	이온화식	광전식
작동원리	이온전류의 감소	광량의 감소 또는 증가
연기입자	**작은** 연기입자($0.01{\sim}0.3\mu$m)에 유리	**큰** 연기입자($0.3{\sim}1\mu$m)에 유리
연기의 색상	이온에 연기입자가 흡착되는 것과 관계되므로 연기의 색상은 감도와 관련이 없음	연기 색상에 따라 빛이 흡수 또는 반사되는 정도가 다르므로 검은색보다는 **엷은 회색** 연기가 감도에 유리
적응성	**B급**화재 등 불꽃화재	**A급**화재 등 훈소화재

핵심기출문제

연기감지기 중 이온화식에 대한 내용으로 잘못 연결된 것은?

① 동작원리 - 이온전류의 감소
② 연기입자 - 큰 연기입자($0.3{\sim}1\mu$m)에 유리
③ 연기의 색상 - 색상 무관
④ 적응성 - B급화재 등 불꽃화재

해설 이온화식은 작은 연기입자($0.01{\sim}0.3\mu$m)에 유리하다.

답 ②

ⓐ 감지기 설치유효면적

부착높이 및 특정소방대상물의 구분		감지기의 종류						
		차동식 스포트형		보상식 스포트형		정온식 스포트형		
		1종	2종	1종	2종	특종	1종	2종
4m 미만	주요구조부가 내화구조로 된 특정소방대상물 또는 그 부분	90	70	90	70	70	60	20
	기타구조의 특정소방대상물 또는 그 부분	50	40	50	40	40	30	15
4m 이상 8m 미만	주요구조부가 내화구조로 된 특정소방대상물 또는 그 부분	45	35	45	35	35	30	
	기타구조의 특정소방대상물 또는 그 부분	30	25	30	25	25	15	

▶ 차동식과 보상식은 서로 같다. 정온식 스포트형 특종은 다른 감지기의 2종과 같다.

핵심기출문제

4m 미만의 주요구조부를 내화구조로 한 면적 400m²인 특정소방대상물의 감지기의 최소설치개수로 맞는 것은? (감지기는 2종 차동식 스포트형 감지기이다)

① 5개 ② 6개
③ 7개 ④ 8개

해설 4m 미만의 주요구조부를 내화구조로 한 소방대상물에서 2종 차동식 스포트형 감지기의 설치유효면적은 70m²이다.
400m² ÷ 70 = 5.72 …
∴ 최소설치개수는 6개이다.

답 ②

---

④ 음향장치

설치기준	① 주음향장치 : 수신기 내부 또는 그 직근에 설치 ② 지구음향장치 : 층마다 설치하되, **수평거리가 25m 이하**가 되도록 설치 ③ 음향 크기는 부착된 장치의 중심으로부터 1m 떨어진 위치에서 **90dB 이상**
경보방식	층수가 11층(공동주택 16층) 이상의 특정소방대상물 ① 2층 이상 발화 : 발화층 및 그 직상 4개 층에 경보 ② 1층에서 발화 : 발화층·그 직상 4개 층 및 지하층에 경보 ③ 지하층에서 발화 : 발화층·그 직상층 및 기타의 지하층에 경보
	위의 건물을 제외한 건물은 전층 경보

시각경보장치(청각장애인용)

1. 자동화재탐지설비는 음향장치 외에 청각장애인용 시각경보장치를 설치하여야 한다.

2. 설치기준
   ① 복도·통로·청각장애인용 객실 및 공용으로 사용하는 거실(로비, 회의실, 강의실, 식당, 휴게실, 오락실, 대기실, 체력단련실, 접객실, 안내실, 전시실, 기타 이와 유사한 장소)에 설치하며, 각 부분으로부터 유효하게 경보를 발할 수 있는 위치에 설치할 것
   ② 공연장·집회장·관람장 또는 이와 유사한 장소에 설치하는 경우에는 시선이 집중되는 무대부 부분 등에 설치할 것
   ③ 설치 높이는 바닥으로부터 **2m 이상 2.5m 이하**의 장소에 설치할 것. 다만, 천장의 높이가 **2m 이하**인 경우에는 천장으로부터 **0.15m 이내**의 장소에 설치하여야 한다.

핵심기출문제

자동화재탐지설비의 음향장치 설치기준으로 옳지 않은 것은?

① 지구음향장치는 특정소방대상물의 각 부분으로부터 음향장치까지의 수평거리가 25m 이하마다 설치

② 음량은 부착된 음향장치의 중심으로부터 1m 떨어진 위치에서 90dB 이상

③ 공동주택을 제외한 층수가 11층 이상의 특정소방대상물의 2층 이상의 층에서 발화시 발화층 및 직상층에 경보

④ 층수가 16층 이상인 공동주택의 2층 이상의 층에서 발화시 발화층 및 직상 4개 층에 경보

> **해설** 층수가 11층(공동주택의 경우 16층) 이상의 특정소방대상물의 2층 이상의 층에서 발화한 때에는 **발화층 및 그 직상 4개 층**에 경보를 발할 것
>
> 📖 ③

---

⑤ 배선
   감지기 사이의 회로 배선은 **송배선식**[도통시험(선로의 정상연결 여부 확인)을 원활히 하기 위한 배선방식]으로 한다.

■ 자동화재탐지설비의 점검

(1) 감지기 작동 점검

1단계	감지기 동작시험 실시 (감지기 시험기, 연기스프레이 등 이용)	LED점등 시 정상
2단계	LED 미점등 시 감지기 회로 전압 확인	정격전압의 **80% 이상**이면, 감지기 불량 → **감지기 교체**
		전압이 0V이면 회로 단선 → **해당회로 보수**
3단계	감지기 동작시험 재실시	

(2) P형 발신기 점검

1단계	발신기 작동스위치 누름
2단계	수신기에서 응답표시등 및 발신기 작동표시등 점등 확인
3단계	주경종, 지구경종, 비상방송 등 연동설비 확인
4단계	발신기의 작동스위치를 복구(빼냄), 결합
5단계	수신기의 화재신호 복구

(3) P형 수신기 점검

① 동작시험

수신기에서 화재신호를 수동으로 입력하여 수신기가 정상적으로 동작되는지를 확인하기 위한 시험

구분	회로선택스위치	
	로터리방식	버튼 방식
시험기준	비화재보 방지 또는 오동작 방지기능이 내장된 축적형 수신기의 경우 **비축적위치**로 놓고 시험	
시험순서	① 동작시험 및 자동복구 시험스위치를 누른다. ② 회로선택스위치를 차례로 회전시켜 시험	① 동작(화재)시험 및 자동복구 시험스위치를 누른다. ② 각 경계구역별로 동작버튼을 누른 후 시험
복구방법	① 회로선택스위치를 초기(정상)위치로 복구 ② 동작시험 및 자동복구 시험스위치 복구 ③ 각 경계구역 표시등 및 화재표시등 소등 확인	① 동작(화재)시험 및 자동복구 시험스위치 초기(정상)상태로 복구 ② 각 경계구역 표시등 및 화재표시등 소등 확인

② 회로 도통시험

수신기에서 감지기 사이 회로의 단선 유무와 기기 등의 접속 상황을 확인하기 위한 시험

구분	회로선택스위치		
	로터리방식	버튼 방식	
시험순서	① 도통시험스위치를 누름 ② 회로시험스위치를 각 경계 구역별로 차례로 회전	① 도통시험스위치를 누름 ② 각 경계구역 동작버튼을 차례로 누름	
적부 판정방법	전압계가 있는 경우	정상 : 4~8V 단선 : 0V	정상	녹색 점등
	도통시험 확인등이 있는 경우	정상 : 녹색 단선 : 적색	단선	적색 점등
복구방법	① 회로시험스위치를 초기(정상) 위치로 복구 ② 도통시험스위치 복구	도통시험스위치 복구	

(3) 예비전원시험

상용전원이 사고 등으로 정전된 경우 자동적으로 예비전원으로 절환이되며 또한 복구 시에는 자동적으로 상용전원으로 절환되는지 여부와 상용전원이 정전되었을 때 화재가 발생하여도 수신기가 정상적으로 동작할 수 있는 전압을 가지고 있는지를 확인하는 시험

구분	회로선택스위치	
	로터리방식	버튼 방식
시험순서	① 예비전원 시험스위치 누름(스위치를 누르고 있을 경우에만 시험 가능)	
적부 판정방법	① 전압계인 경우 정상 : 19~29V ② 램프방식인 경우 정상 : 녹색 ③ 예비전원의 전압 및 상호 자동절환이 정상인지 확인	

> **핵심기출문제**
>
> **자동화재탐지설비의 점검사항으로 옳지 않은 것은?**
> ① 비상전원 연결소켓이 분리된 경우 예비전원감시등이 점등된다.
> ② 수신기 내부의 퓨즈가 단선되면 퓨즈 옆에 적색 LED가 점등된다.
> ③ 점검시간을 단축하기 위하여 수신기를 축적위치로 하고 감지기 점검을 실시한다.
> ④ 수신기에 공급되는 전압상태가 정상상태라면 교류전원등에 점등되고, 전압지시 표시등은 정상에 점등되어야 한다.
>
> 해설 수신기를 비축적위치로 하고 감지기 점검을 실시한다.
>
> ③

2 자동화재탐지설비의 유지관리 및 비화재보 대처방법 2급 3급

■ 비화재보

화재에 의한 열, 연기 또는 불꽃 이외의 요인에 의하여 자동화재탐지설비가 작동하여 화재경보를 발하는 것을 말한다.

핵심기출문제

비화재보 시 조치방법을 순서대로 바르게 짝지은 것은?

㉠ 실제 화재 여부 확인	㉡ 수신기 확인
㉢ 스위치주의등 확인	㉣ 비화재보 원인 제거
㉤ 음향장치 복구	㉥ 수신기 복구
㉦ 음향장치 정지	

① ㉡ → ㉤ → ㉣ → ㉦ → ㉥ → ㉠ → ㉢
② ㉡ → ㉣ → ㉤ → ㉠ → ㉥ → ㉦ → ㉢
③ ㉡ → ㉠ → ㉦ → ㉣ → ㉥ → ㉤ → ㉢
④ ㉡ → ㉥ → ㉠ → ㉣ → ㉦ → ㉤ → ㉢

해설 ㉡ 수신기 확인 → ㉠ 실제 화재 여부 확인 → ㉦ 음향장치 정지 → ㉣ 비화재보 원인 제거 → ㉥ 수신기 복구 → ㉤ 음향장치 복구 → ㉢ 스위치주의등 확인 순으로 조치한다.

답 ③

---

4 피난구조설비

1 피난기구 [2급] [3급]

■ 피난기구의 종류

구조대	화재 시 건물의 창, 발코니 등에서 지상까지 포대를 사용하여 그 포대 속을 활강하는 피난기구이다.
완강기	사용자의 몸무게에 의하여 자동적으로 내려올 수 있는 기구 중 사용자가 연속적으로 사용할 수 있는 것을 말하며, 속도조절기, 속도조절기의 연결부, 로프, 연결금속구, 벨트로 구성되어 있다.
간이완강기	지지대 또는 단단한 물체에 걸어서 사용자의 몸무게에 의하여 자동적으로 내려올 수 있는 기구 중 사용자가 교대하여 연속적으로 사용할 수 없는 일회용의 것을 말한다.
피난사다리	건축물 화재 시 안전한 장소로 피난하기 위해서 건축물의 개구부에 설치하는 기구로서 고정식 사다리, 올림식 사다리 및 내림식 사다리로 분류된다.
미끄럼대	화재 발생 시 신속하게 지상 또는 피난층으로 피난할 수 있도록 제조된 피난기구로서 장애인 복지시설, 노약자 수용시설 및 병원 등에 적합하다.
다수인피난장비	화재 시 2인 이상의 피난자가 동시에 해당층에서 지상 또는 피난층으로 하강하는 피난기구를 말한다.
기타 피난기구	피난용트랩, 공기안전매트 등이 있다.

소방대상물의 설치장소별 피난기구의 적응성

설치장소별 구분	1층	2층	3층	4층 이상 10층 이하
1. 노유자시설	• 미끄럼대 • 구조대 • 피난교 • 다수인피난장비 • 승강식피난기	• 미끄럼대 • 구조대 • 피난교 • 다수인피난장비 • 승강식피난기	• 미끄럼대 • 구조대 • 피난교 • 다수인피난장비 • 승강식피난기	• 구조대[1] • 피난교 • 다수인피난장비 • 승강식피난기
2. 의료시설·근린생활시설 중 입원실이 있는 의원·접골원·조산원			• 미끄럼대 • 구조대 • 피난교 • 피난용트랩 • 다수인피난장비 • 승강식피난기	• 구조대 • 피난교 • 피난용트랩 • 다수인피난장비 • 승강식피난기
3. 「다중이용업소의 안전관리에 관한 특별법 시행령」 제2조에 따른 다중이용업소로서 영업장의 위치가 4층 이하인 다중이용업소		• 미끄럼대 • 피난사다리 • 구조대 • 완강기 • 다수인피난장비 • 승강식피난기	• 미끄럼대 • 피난사다리 • 구조대 • 완강기 • 다수인피난장비 • 승강식피난기	• 미끄럼대 • 피난사다리 • 구조대 • 완강기 • 다수인피난장비 • 승강식피난기
4. 그 밖의 것			• 미끄럼대 • 피난사다리 • 구조대 • 완강기 • 피난교 • 피난용트랩 • 간이완강기[2] • 공기안전매트 • 다수인피난장비 • 승강식피난기	• 피난사다리 • 구조대 • 완강기 • 피난교 • 간이완강기[2] • 공기안전매트 • 다수인피난장비 • 승강식피난기

[비고]
1) 구조대의 적응성은 장애인 관련 시설로서 주된 사용자 중 스스로 피난이 불가한 자가 있는 경우 추가로 설치하는 경우에 한한다.
2) 간이완강기의 적응성은 숙박시설의 **3층 이상**에 있는 객실에 설치하는 경우에 한한다.

핵심기출문제

설치장소별 피난기구로 알맞은 것은?

① 입원실이 있는 의원 5층에 설치된 완강기
② 조산원 4층에 설치된 피난교
③ 노래연습장 지하1층에 설치된 간이완강기
④ 공연장 지하1층에 설치된 피난사다리

> **해설** ① 입원실이 있는 의원 5층에 설치할 수 있는 것은 구조대, 피난교, 피난용트랩, 다수인피난장비, 승강식피난기이다. 완강기는 설치할 수 없다.
> ③ 노래연습장 지하1층에는 피난기구를 설치할 필요가 없다.
> ④ 공연장 지하1층에는 피난기구를 설치할 필요가 없다.
>
> **답** ②

---

2 인명구조기구 [2급] [3급]

■ 종류

방열복	고온의 복사열에 가까이 접근하여 소방활동을 수행할 수 있는 내열 피복을 말한다.
공기호흡기	유독가스로부터 인명을 보호하기 위하여 용기에 압축한 공기를 저장하여 두었다가 필요 시 마스크를 통해 호흡에 이용토록 하는 호흡기구
인공소생기	화재의 발생으로 인하여 유독성 가스에 질식되었거나 중독 등에 의해서 심폐기능이 악화되어 정상적으로 호흡할 수 없는 사람에게 인공호흡시켜 소생하도록 하는 구급용 기구로서 소방용으로 사용되는 것을 말한다.
방화복	화재 진압 등의 소방활동을 수행할 수 있는 피복(안전모, 보호장갑, 안전화 포함)

3 비상조명등 2급 3급

◼ 비상조명등의 설치

조도	각 부분의 바닥에서 1럭스(lx) 이상
유효 작동시간	① 20분 이상 ② 60분 이상(지하층을 제외한 층수가 11층 이상의 층이거나 지하층 또는 무창층으로서 용도가 도매시장·소매시장·여객자동차터미널·지하역사 또는 지하상가인 경우)

◼ 휴대용비상조명등의 설치

설치대상	① 숙박시설, 다중이용업소 ② 수용인원 100명 이상의 영화상영관·판매시설 중 대규모점포·철도 및 도시철도 시설 중 지하역사·지하가 중 지하상가
설치기준	① 숙박시설 또는 다중이용업소에는 객실 또는 영업장 안의 구획된 실마다 잘 보이는 곳에 설치 ② 20분 이상 유효하게 사용할 수 있는 건전지 및 배터리를 사용 ③ 어둠 속에서 위치를 확인할 수 있고, 사용시 자동으로 점등되는 구조 ④ 건전지를 사용하는 경우 방전방지조치를 하여야 하고, 충전식 배터리의 경우 상시 충전되는 구조

▶ 핵심기출문제

다음 중 비상조명등에 대한 설명으로 타당하지 않은 것은?

① 다중이용업소 및 숙박시설은 건전지 및 충전식 배터리의 용량이 20분 이상 유효하게 사용할 수 있는 휴대용비상조명등을 설치해야 한다.

② 어둠 속에서 위치를 확인할 수 있고, 사용 시 자동으로 점등되는 구조여야 한다.

③ 비상조명등은 바닥으로부터 1럭스(lx) 이상의 조도를 가져야 한다.

④ 건전지를 사용하는 경우 상시 충전되는 구조여야 한다.

해설 건전지를 사용하는 경우 방전방지조치를 하여야 하고, 충전식 배터리의 경우 상시 충전되는 구조여야 한다.

답 ④

4	유도등 및 유도표지	2급 3급

① 화재 시 피난을 유도하기 위한 등 및 표지
② 상용전원으로 점등되고, 정전되었을 때는 비상전원으로 자동절환되어 **20분** 이상(지하층을 제외한 11층 이상의 층, 지하층 또는 무창층으로서 용도가 도매시장·소매시장·여객 자동차터미널·지하역사 또는 지하상가의 경우에는 **60분** 이상) 작동해야 함

■ 유도등 및 유도표지의 종류

암기노트 📝

학 · 업 · 노 · 소 · 종
[(학업을) 종끝마치고하고 노·소]
※ 객석유도등은 객석이 있는 경우만 해당됨.

설치장소	유도등 및 유도표지의 종류
공연[(종교)집회, 관람]장, 운동시설 카바레, 나이트클럽	대형피난구유도등 통로유도등 객석유도등
위락(관광숙박업), 판매·운수시설 의료시설, 장례식장 방송통신시설, 전시장 지하상가, 지하철역사	대형피난구유도등 통로유도등
숙박, 오피스텔 지하층·무창층 또는 11층 이상인 특정소방대상물	중형피난구유도등 통로유도등
근린생활시설, 노유자시설, 업무시설, 발전시설, 종교시설, 교육연구시설, 수련시설, 공장, 교정 및 군사시설, 학원, 다중이용업소, 복합건축물	소형피난구유도등 통로유도등

▶ 소방서장은 특정소방대상물의 위치·구조 및 설비의 상황을 판단하여 대형피난구유도등을 설치하여야 할 장소에 중형피난유도등 또는 소형피난유도등을 설치하게 할 수 있다.

▶ 복합건축물의 경우, 주택의 세대 내에는 유도등을 설치하지 않을 수 있다.

핵심기출문제

01 다음 중 유도등 및 유도표지에 대한 설명으로 타당하지 않은 것은?

① 정상상태에서는 상용전원으로 점등되고, 정전되었을 때에는 비상전원으로 자동절환되어 20분 이상 작동할 수 있는 구조를 갖고 있어야한다.

② 층수가 14층인 소방대상물의 경우에는 60분 이상 작동되어야 한다.

③ 주택의 세대 내에는 유도등을 설치하지 아니할 수 있다.

④ 아파트의 경우에는 통로유도표지를 설치하지 아니할 수 있다.

해설 복합건축물과 아파트의 경우, 주택의 세대 내에는 유도등을 설치하지아니할 수 있다.

답 ④

02 오피스텔의 경우에 설치해야 하는 유도등 및 유도표지에 해당하는 것은?

① 객석유도등   ② 통로유도등

③ 소형피난구유도등   ④ 피난구유도표지

해설 오피스텔의 경우 중형피난구유도등, 통로유도등을 설치해야 한다.

답 ②

■ 유도등의 설치

피난구 유도등	피난구 또는 피난 경로로 사용되는 출입구를 표시하여 피난을 유도하는 등으로 피난구의 바닥으로부터 **1.5m 이상**으로서 출입구에 인접하도록 아래의 장소에 설치한다. ① 옥내로부터 직접 지상으로 통하는 출입구 및 그 부속실의 출입구 ② 직통계단·직통계단의 계단실 및 그 부속실의 출입구 ③ ① 및 ②에 따른 출입구에 이르는 복도 또는 통로로 통하는 출입구 ④ 안전구획된 거실로 통하는 출입구 ⑤ 피난층으로 향하는 피난구의 위치를 안내할 수 있도록 ① 또는 ②에 따라 설치된 피난구유도등의 면과 수직이 되도록 피난구유도등을 추가로 설치(다만, 피난구유도등이 입체형인 경우에는 제외)	
통로 유도등	복도통로 유도등	① 복도에 설치하되 피난구유도등 또는 피난구유도등이 설치된 출입구 맞은편 복도 : 입체형 설치 또는 바닥에 설치 ② 구부러진 모퉁이 및 ①에 따라 설치된 통로유도등을 기점으로 **보행거리 20m마다** 설치할 것 ③ 바닥으로부터 높이 **1m 이하**의 위치에 설치할 것. 다만, 지하층 또는 무창층의 용도가 도매시장·소매시장·여객자동차터미널·지하역사 또는 지하상가인 경우에는 복도·통로 중앙부분의 바닥에 설치 ④ 바닥에 설치하는 통로유도등은 하중에 따라 파괴되지 아니하는 강도의 것으로 할 것
	거실통로 유도등	① 거실의 통로에 설치할 것. 다만 거실 통로가 벽체 등으로 구획된 경우에는 복도통로유도등을 설치 ② 구부러진 모퉁이 및 **보행거리 20m마다** 설치 ③ 바닥으로부터 높이 **1.5m 이상**의 위치에 설치 (다만, 거실통로에 기둥이 설치된 경우 기둥부분 바닥으로부터 높이 1.5m 이하 위치에 설치할 수 있다)
	계단통로 유도등	① 각층의 경사로 참 또는 계단참(1개 층에 경사로 참 또는 계단참이 2 이상 있는 경우 2개의 계단참)마다 설치 ② 바닥으로부터 높이 **1m 이하**의 위치에 설치
객석 유도등	• 객석의 통로, 바닥 또는 벽에 설치 • 객석통로유도등 설치개수(개) $= \dfrac{객석통로의\ 직선부분의\ 길이(m)}{4} - 1$	

핵심기출문제

유도등의 설치높이로 잘못된 것은?

① 피난구유도등 – 1.5m 이상　　② 복도통로유도등 – 1.5m 이상
③ 거실통로유도등 – 1.5m 이상　　④ 계단통로유도등 – 1m 이하

해설 복도통로유도등은 1m 이하의 높이에 설치한다.

답 ②

■ 유도등 점검

① 전기회로에 점멸기를 설치하지 않고 항상 점등상태(2선식)를 유지할 것
② 다만, 특정소방대상물 또는 그 부분에 사람이 없거나 아래의 장소에는 상시 충전되는 **3선식** 배선으로 가능하다.
　㉠ 외부의 빛에 의해 피난구 또는 피난 방향을 쉽게 식별할 수 있는 장소
　㉡ 공연장, 암실(暗室) 등으로서 어두워야 할 필요가 있는 장소
　㉢ 특정소방대상물의 관계인 또는 종사원이 주로 사용하는 장소

핵심기출문제

다음 중 유도등 공사 시 3선식 공사가 가능한 경우가 아닌 것은?

① 특정소방대상물 또는 그 부분에 사람이 없는 경우
② 내부의 빛에 의해 피난구 또는 피난방향을 쉽게 식별할 수 있는 장소로 상시 충전되는 구조인 경우
③ 공연장, 암실(暗室) 등으로서 어두워야 할 필요가 있는 장소로 상시 충전되는 구조인 경우
④ 특정소방대상물에 관계인 또는 종사원이 주로 사용하는 장소로 상시 충전되는 구조인 경우

해설 외부의 빛에 의해 피난구 또는 피난방향을 쉽게 식별할 수 있는 장소로 상시 충전되는 구조인 경우이다.

답 ②

■ **유도등의 3선식 배선 시 자동으로 점등되는 경우**

① 자동화재탐지설비의 감지기 또는 발신기가 작동되는 때
② 비상경보설비의 발신기가 작동되는 때
③ 상용전원이 정전되거나 전원선이 단선되는 때
④ 방재업무를 통제하는 곳 또는 전기실의 배전반에서 수동으로 점등하는 때
⑤ 자동소화설비가 작동되는 때

핵심기출문제

다음 중 유도등의 3선식 배선 시 자동으로 점등되는 경우가 아닌 것은?

① 방재업무를 통제하는 곳 또는 전기실의 배전반에서 자동으로 점등하는 때
② 상용전원이 정전되거나 전원이 단선되는 때
③ 자동소화설비가 작동되는 때
④ 자동화재탐지설비의 감지기 또는 발신기가 작동되는 때

해설 방재업무를 통제하는 곳 또는 전기실의 배전반에서 수동으로 점등하는 때이다.

답 ①

■ **유도등 점검내용**

3선식 유도등 점검	① 수신기에서 수동으로 점등스위치를 ON하고 건물 내의 점등이 안 되는 유도등을 확인한다. ② 감지기·발신기·중계기·스프링클러설비 등을 현장에 작동(동작)과 동시에 유도등이 점등되는지 확인한다.
2선식 유도등 점검	① 유도등이 평상 시 점등되어 있는지 확인한다. ② 2선식 유도등을 절전을 위하여 꺼 놓으면 유도등 내의 배터리가 충전이 되어 있지 않아 정전 시에도 점등이 되지 않는다.
예비전원(배터리) 점검	외부에 있는 점검스위치(배터리상태 점검스위치)를 당겨 보는 방법 또는 점검버튼을 눌러서 점등상태를 확인한다.

PART 06

소방계획
수립

1 소방계획의 수립

1 소방계획의 개념 및 이해 2급 3급

■ 소방계획의 작성근거 및 주요내용

① 작성근거
  - ㉠ 「화재의 예방 및 안전관리에 관한 법률」 제24조
  - ㉡ 「화재의 예방 및 안전관리에 관한 법률 시행령」 제27조

② 주요내용
  - ㉠ 소방안전관리대상물의 위치·구조·연면적·용도 및 수용인원 등 **일반 현황**
  - ㉡ 소방안전관리대상물에 설치한 소방시설·방화시설, 전기시설·가스시설 및 위험물시설의 **현황**
  - ㉢ 화재 예방을 위한 자체점검계획 및 **대응대책**
  - ㉣ 소방시설·피난시설 및 방화시설의 점검·정비계획
  - ㉤ 피난층 및 피난시설의 위치와 피난경로의 설정, 화재안전취약자의 피난계획 등을 포함한 **피난계획**
  - ㉥ 방화구획, 제연구획, 건축물의 내부 마감재료 및 방염대상물품의 사용현황과 그 밖의 방화구조 및 설비의 유지·관리계획
  - ㉦ 관리의 권원이 분리된 특정소방대상물의 소방안전관리에 관한 사항
  - ㉧ 소방훈련 및 **교육**에 관한 **계획**
  - ㉨ 소방안전관리대상물의 근무자 및 거주자의 **자위소방대** 조직과 대원의 임무(화재안전취약자의 피난 보조 임무를 포함)에 관한 사항
  - ㉩ 화기 취급 작업에 대한 사전 안전조치 및 감독 등 공사 중 소방안전관리에 관한 사항
  - ㉪ 소화와 연소 방지에 관한 사항
  - ㉫ **위험물**의 저장·취급에 관한 사항
  - ㉬ 소방안전관리에 대한 업무수행에 관한 기록 및 유지에 관한 사항
  - ㉭ 화재발생 시 화재경보, 초기소화 및 피난유도 등 초기대응에 관한 사항

㉔ 그 밖에 소방안전관리를 위하여 소방본부장 또는 소방서장이 소방안전관리대상물의 위치·구조·설비 또는 관리 상황을 고려하여 소방안전관리에 필요하여 요청하는 사항

📖 핵심기출문제

소방계획의 내용으로 볼 수 없는 것은?

① 화재 예방을 위한 자체점검계획 및 대응대책
② 화재안전취약자의 피난계획을 포함한 피난계획
③ 소방설비의 유지관리계획
④ 화재예방강화지구의 지정

> **해설** 시·도지사는 화재가 발생할 우려가 높거나 화재가 발생하는 경우 그로 인하여 피해가 클 것으로 예상되는 지역을 화재예방강화지구로 지정한다. 따라서 소방안전관리자가 소방계획으로 정할 수 있는 사항이 아니다.
>
> **답** ④

■ 소방계획의 주요원리

주요원리	주요 내용
종합적 안전관리	• 모든 형태의 위험을 포괄 • 재난의 전주기적(예방·대비 → 대응 → 복구) 단계의 위험성 평가
통합적 안전관리	• 외부 : 거버넌스(정부 – 대상처 – 전문기관) 및 안전관리 네트워크 구축 • 내부 : 협력 및 파트너십 구축, 전원참여
지속적 발전모델	• PDCA Cycle(계획 : Plan, 이행/운영 : Do, 모니터링 : Check, 개선 : Act)

📖 핵심기출문제

아래 〈보기〉에 해당하는 소방계획의 주요원리로 맞는 것은?

> |보기|
> 모든 형태의 위험을 포괄하고, 재난의 전주기적 단계의 위험성 평가

① 통합적 안전관리   ② 종합적 안전관리
③ 지속적 발전모델   ④ 단속적 발전모델

> **해설** 모든 형태의 위험을 포괄하고, 재난의 전주기적 단계의 위험성을 평가하는 것은 "종합적" 안전관리에 해당한다.
>
> **답** ②

■ 소방계획의 작성원칙

실현가능한 계획	소방계획의 작성에서 가장 핵심적인 측면은 위험관리이다. 소방계획은 대상물의 위험요인을 체계적으로 관리하기 위한 일련의 활동이다. 따라서 위험요인의 관리는 반드시 실현가능한 계획으로 구성되어야 한다.
관계인의 참여	소방계획의 수립 및 시행과정에 소방안전관리대상물의 관계인(소유자, 점유자, 관리자), 재실자(상시거주자, 근무자) 및 방문자 등 전원이 참여하도록 수립하여야 한다.
계획수립의 구조화	체계적이고 전략적인 계획의 수립을 위해 작성–검토–승인의 3단계의 구조화된 절차를 거쳐야 한다.
실행우선	소방계획의 궁극적 목적은 비상상황 발생 시 신속하고 효율적인 대응 및 복구로 피해를 최소화하는 것이다. 문서로 작성된 계획만으로는 소방계획이 완료되었다고 보기 어렵다. 교육훈련 및 평가 등 이행의 과정이 있어야 비로소 소방계획이 완성되었다고 볼 수 있다.

다음 중 소방계획의 작성원칙에 해당하지 않는 것은?

① 관계인의 참여 ② 계획수립의 전략화
③ 실행우선 ④ 실현가능한 계획

해설 소방계획의 작성원칙에는 실현가능한 계획, 관계인의 참여, 계획수립의 구조화, 실행우선이 있다.

답 ②

■ 소방계획의 수립절차

사전기획	소방계획 수립을 위한 임시조직을 구성하거나 위원회 등을 개최하여 법적 요구사항은 물론 이해관계자의 의견을 수렴하고 세부 작성계획을 수립한다.
위험환경 분석	대상물 내 물리적 및 인적 위험요인 등에 대한 위험요인을 식별하고, 이에 대한 분석 및 평가를 정성적·정량적으로 실시한 후 이에 대한 대책을 수립한다.
설계 및 개발	대상물의 환경 등을 바탕으로 소방계획수립의 목표와 전략을 수립하고 세부 실행계획을 수립한다.
시행 및 유지관리	구체적인 소방계획을 수립하고 이해관계자의 검토를 거쳐 최종 승인을 받은 후 소방계획을 이행하고 지속적인 개선을 실시한다.

1단계 (사전기획)	2단계 (위험환경 분석)	3단계 (설계/개발)	4단계 (시행/유지관리)
작성준비	위험환경 식별	목표/전략수립	수립/시행
↓	↓	↓	↓
요구사항 검토	위험환경 분석/평가	실행계획 설계 및 개발	운영/유지관리
↓	↓		
작성계획 수립	위험경감대책 수립		

핵심기출문제

소방계획 수립절차의 순서로 알맞게 배열한 것은?

가. 위험환경 분석	나. 사전기획
다. 시행 및 유지관리	라. 설계 및 개발

① 가 → 나 → 다 → 라   ② 나 → 다 → 라 → 가

③ 나 → 가 → 라 → 다   ④ 가 → 나 → 라 → 다

해설 소방계획의 수립절차는 나. 사전기획 → 가. 위험환경 분석 → 라. 설계 및 개발 → 다. 시행 및 유지관리의 단계로 구성된다.

답 ③

2 소방계획의 구조 및 작성방법 [2급][3급]

■ 2·3급 소방안전관리대상물 소방계획서 작성항목

구분		포함되어야 할 사항
일반사항	표지부	표지, 목차, 개정이력, 작성안내
	내용부	목적, 적용 근거·범위, 기록유지 등
관리계획	예방	일반현황, 화재예방, 자체점검 등
	대비	협의회, 자위소방대·초기대응체계 구성 및 운영, 교육 및 훈련, 자체평가 및 개선 등
대응계획	대응	비상연락, 지휘통제, 초기대응, 피난, 비상대응계획 등
	복구	복구계획 수립, 피해 복구 및 지원 등

2 자위소방대 및 초기대응체계 구성·운영

1 자위소방대 기본 개념 및 이해 2급 3급

◼ 자위소방대 개요

① 개념

소방안전관리대상물에서 화재 등 재난발생 시 비상연락, 초기소화, 피난유도 및 인명·재산피해를 최소화하기 위해 편성된 자율적인 조직이다.

② 자위소방대의 역사

자위소방대의 시초는 1952년 직장방공단 규정에 따른 방공단 및 하부조직인 소방반이라 할 수 있다.

◼ 자위소방활동

구분	업무특성
비상연락	화재 시 상황전파, 화재신고(119) 및 통보연락 업무
초기소화	초기소화설비를 이용한 조기 화재진압
응급구조	응급상황 발생 시 응급조치 및 응급의료소 설치·지원
방호안전	화재확산방지, 위험물시설에 대한 제어 및 비상반출
피난유도	재실자, 방문자의 피난유도 및 피난약자에 대한 피난보조 활동

핵심기출문제

자위소방대의 소방활동으로 잘못 연결된 것은?

① 피난유도 – 위험물시설에 대한 제어 및 비상반출

② 초기소화 – 초기소화설비를 이용한 조기 화재진압

③ 비상연락 – 화재신고 및 통보연락 업무

④ 응급구조 – 응급의료소 설치·지원

해설 피난유도에 해당하는 것은 재실자, 방문자의 피난유도 및 재해약자에 대한 피난보조 활동이다.

답 ①

---

2 | 자위소방대 · 초기대응체계 구성 및 훈련방법 2급 3급

자위소방대 구성

① 구성 원칙

ㄱ 대상처의 규모, 소방시설 및 편성대원 등을 고려하여 조직(Type-Ⅰ, Type-Ⅱ, Type-Ⅲ)을 구성한다.

ㄴ 다만, 대상처별 관리 및 이용형태가 특수한 경우에는 현장 여건에 따라 조직 편성기준을 달리 적용할 수 있다.

ㄷ 대상처의 규모, 소방시설 및 편성대원에 따른 조직 편성기준은 다음과 같다.

구분	편성대상	편성기준	
Type I	• 특급 • 1급(연면적 30,000m² 이상 포함 - 공동주택 제외)	지휘통제	지휘통제팀
		현장대응 (본부대)	비상연락팀, 초기소화팀, 피난유도팀, 응급구조팀, 방호안전팀 * 필요 시 팀 가감 편성
		현장대응 (지구대n)	각 구역(Zone)별 현장대응팀 * 구역별 규모, 인력에 따라 편성
Type II	• 1급 * 연면적 30,000m² 이상의 경우 Type I 참고 및 적용(공동주택 제외) • 2급(상시 근무인원 50명 이상)	지휘통제	지휘통제팀
		현장대응	비상연락팀, 초기소화팀, 피난유도팀, 응급구조팀, 방호안전팀 * 필요 시 팀 가감 편성
Type III	• 2 · 3급 * 상시 근무인원 50명 이상의 경우 Type II 참고 및 적용	지휘통제	지휘통제팀
		현장대응	(10인 미만) 현장대응팀 * 개별 팀 구분 없음 (10인 이상) 비상연락팀, 초기소화팀, 피난유도팀 * 필요 시 팀 가감 편성
초기대응 체계	• 상시 근무 또는 거주 인원	초기대응	초기대응팀(휴일야간 포함)

② 유형별(Type) 조직구성

Type-Ⅰ	⊙ 지휘조직인 지휘통제팀과 현장대응조직인 비상연락팀, 초기소화팀, 피난유도팀, 방호안전팀, 응급구조팀으로 구성된다. ⓒ 대상물의 관리·이용형태 및 위험특성을 고려하여 둘 이상의 현장대응조직을 운영할 수 있다. 이 경우, 최초의 현장대응조직은 본부대가 되며 추가적인 편성조직은 지구대로 구분한다. ⓒ 본부대는 비상연락팀, 초기소화팀, 피난유도팀, 방호안전팀, 응급구조팀을 기본으로 편성하며, 지구대는 각 구역(Zone)별 규모, 편성대원 등 현장 운영여건에 따라 필요한 팀을 구성할 수 있다.
Type-Ⅱ	⊙ 지휘조직인 지휘통제팀과 현장대응조직인 비상연락팀, 초기소화팀, 피난유도팀, 방호안전팀, 응급구조팀으로 구성된다. ⓒ 현장대응조직은 조직 및 편성대원의 여건에 따라 일부 팀을 가감하여 운영할 수 있다.
Type-Ⅲ	⊙ 지휘조직과 현장대응조직으로 구성한다. ⓒ 편성대원 10인 미만의 현장대응조직은 하위 조직(팀)의 구분 없이 운영할 수 있지만, 개인별 비상연락, 초기소화, 피난유도 등의 업무를 담당할 수 있도록 현장대응팀을 구성한다. ⓒ 편성대원 10인 이상의 현장대응조직은 비상연락팀, 초기소화팀, 피난유도팀을 구성하여 해당 업무를 수행하며, 필요 시 팀을 가감하여 편성한다.
초기대응체계의 구성	⊙ 자위소방대에 포함하여 편성하되, 화재 발생 초기 신속하게 대응할 수 있도록 구성한다. ⓒ 소방안전관리대상물이 이용되는 기간 동안에는 상시적으로 운영되어야 한다. ⓒ 화재 초기 비상연락, 초기소화 및 피난유도(피난유도자 지정) 등의 기본기능과 대상물 특성을 반영한 특수기능을 수행할 수 있도록 구역별 소규모팀으로 편성한다.

③ 자위소방대 인력편성

팀별 인원편성	⊙ 자위소방대원은 대상물 내 상시 근무하거나 거주하는 인원 중 자위소방활동이 가능한 인력으로 편성한다. ⓒ 각 팀별 최소편성 인원은 **2명** 이상으로 하고 각 팀별 책임자(팀장)를 지정하여 운영한다. ⓒ 각 팀별 구성인원이 부족한 경우에는 팀별 기능을 통합하여 팀 조직을 가감하거나 현장대응팀으로 구성하여 운영할 수 있다.
대장 및 부대장 지정	소방안전관리대상물의 소유주, 법인의 대표 또는 관리기관의 책임자를 자위소방대장으로 지정하고, 소방안전관리자를 부대장으로 지정한다.
대리자 지정	소방안전관리대상물의 대장 또는 부대장이 대상물에 부재하는 경우에는 업무를 대리하기 위한 대리자를 지정하여 운영한다.
초기대응체계의 인원편성	⊙ 소방안전관리보조자, 경비(보안) 근무자 또는 대상물 관리인 등 상시 근무자를 중심으로 구성한다. ⓒ 소방안전관리대상물의 근무자의 근무위치, 근무인원 등을 고려하여 편성한다. 이 경우 소방안전관리보조자(보조자가 없는 대상처는 선임 대원)를 운영책임자로 지정한다. ⓒ 초기대응체계 편성 시 **1명** 이상은 수신반(또는 종합방재실)에 근무해야 하며 화재상황에 대한 모니터링 또는 지휘통제가 가능해야 한다. ⓔ 휴일 및 야간에 무인경비시스템을 통해 감시하는 경우에는 무인경비회사와 비상연락체계를 구축할 수 있다.

핵심기출문제

자위소방대 초기대응체계의 인원편성에 대해 틀린 것은?

① 소방안전관리보조자, 경비근무자 또는 대상물 관리인 등 상시 근무자를 중심으로 구성한다.

② 소방안전관리대상물의 근무자의 근무위치, 근무인원 등을 고려하여 편성한다.

③ 초기대응체계편성 시 2명 이상은 수신반에 근무해야 한다.

④ 휴일 및 야간에는 무인경비회사와 비상연락체계를 구축할 수 있다.

해설 초기대응체계편성 시 1명 이상은 수신반에 근무해야 한다.

답 ③

■ 교육 및 훈련

교육 및 훈련계획의 수립	① 자위소방대장은 자위소방대의 연간 교육·훈련계획을 수립하여 시행한다. ② 자위소방대 교육·훈련의 대상자는 자위소방대원, 대상물의 재실자, 종업원, 방문자 등을 포함할 수 있다. ③ 자위소방대장은 대상물의 화재안전관리체계 확립을 위해 종업원에 대한 교육 및 훈련계획을 별도로 작성할 수 있다.
교육의 실시	① 자위소방대장은 교육·훈련 계획에 따라 교육대상, 교육방법을 정하고 교육 자료를 준비하여 실시한다. ② 자위소방대장은 교육 실시 전 교육내용 등에 대한 수요조사를 실시할 수 있으며 교육 후에는 교육평가 및 설문 등을 받을 수 있다.
훈련의 실시	자위소방대장은 대상물의 규모, 인원 및 이용형태 등을 이용하여 대상물에 적합한 훈련대상 및 훈련방법을 결정해야 한다.
실시결과 기록	기록결과는 교육을 실시한 날부터 2년간 보관해야 한다.

■ 자체평가 및 개선

자체평가	① 자위소방대장은 자위소방대 조직편성 및 훈련 결과를 자체적으로 평가하고 미비점이 도출된 경우 개선한다. ② 자위소방대장은 자체평가를 위한 체크리스트를 작성하여 활용할 수 있으며 자체평가를 실시한 후에는 관련 기록을 작성하고 2년간 보관한다.
재검토	자위소방대장은 운영계획 수립 시 재검토 기한을 설정하고 재검토한다.

3 화재대응 및 피난

1 화재대응 2급 3급

◼ 화재대응

화재전파 및 접수	불을 발견하면 "불이야"하고 외쳐 다른 사람에게 알리고 화재경보장치(발신기)를 누른다. 화재경보장치가 작동되면 자동으로 수신반으로 화재 신호가 접수된다.
화재신고	화재를 인지/접수한 경우 침착하게 불이 난 사실과 현재 위치(건물주소, 명칭), 화재진행 상황 및 피해현황 등을 소방기관(119)에 신고한다. 이 경우 소방기관에서 알았다고 할 때까지 전화를 끊지 않는다.
비상방송	담당 대원은 비상방송설비(일반방송설비 또는 확성기 등 장비)를 사용하여 신속하게 화재사실을 전파하며 필요한 경우 즉각적인 피난개시를 명령한다.
대원소집 및 임무부여	화재가 접수되면 초기대응체계를 구축하여 신속하게 화재에 대응하고 이후 화세의 확대여부 등을 고려하여 자위소방대장 또는 부대장은 자위소방대원을 소집하고 임무를 부여한다. 이 경우 비상연락체계를 활용해 대원을 소집하고 지휘통제, 초기소화, 응급구조, 방호안전 등의 조치를 취한다.
관계기관 통보연락	소방안전관리자 또는 자위소방조직상 담당 대원은 비상연락체계를 통해 유관기관, 협력업체 등에 화재사실을 전파하고 신속한 대응준비를 지시한다.
초기소화	화재를 인지한 경우 화재현장에서 소화기 또는 옥내소화전을 사용하여 신속한 초기소화 작업을 실시한다. 이 경우 화원의 종류, 화세의 크기 및 피난경로 확보를 고려하여 초기대응 여부를 결정한다. 초기소화가 어려운 경우에는 열 또는 연기 확산방지를 위해 출입문을 닫고 즉시 피난한다.

2 피난 <small>2급 3급</small>

■ 화재 시 일반적 피난행동

① 엘리베이터는 절대 이용하지 않도록 하며 계단을 이용해 옥외로 대피한다.

② 아래층으로 대피가 불가능한 때에는 옥상으로 대피한다.

③ 아파트의 경우 세대 밖으로 나가기 어려울 경우 세대 사이에 설치된 경량칸막이를 통해 옆 세대로 대피하거나 세대 내 대피공간으로 대피한다.

④ 유도등, 유도표지를 따라 대피한다.

⑤ 연기 발생 시 최대한 낮은 자세로 이동하고, 코와 입을 젖은 수건으로 막아 연기를 마시지 않도록 한다.

⑥ 출입문을 열기 전 문 손잡이가 뜨거우면 문을 열지 말고 다른 길을 찾는다.

⑦ 옷에 불이 붙었을 때에는 눈과 입을 가리고 바닥에서 뒹군다.

⑧ 탈출한 경우에는 절대로 다시 화재 건물로 들어가지 않는다.

■ 일반적 피난계획 수립

사전 피난준비	소방안전관리자는 해당 대상물의 특성에 부합하는 피난계획을 사전에 수립해야 한다. 또한 피난계획에 따라 각 층 및 구역별 피난경로(동선)가 파악되면 피난안내도를 작성하여 부착하도록 한다.
피난개시 명령	① 소방안전관리자 또는 자위소방조직상 피난관련 대원은 해당 대상물의 경보방식을 기준으로 피난방식을 결정할 수 있다. 다만, 대상물의 붕괴, 폭발 가능성으로 인해 긴급 피난이 필요한 경우에는 대상물 재실자 및 방문자 모두가 즉시 피난을 개시한다. ② 피난경보 및 비상방송설비(일반방송설비 또는 확성기 등)를 통해 피난개시 명령을 내리고 조기피난을 독려한다.
피난유도	① 화재 시 대상물의 재실자 및 방문자를 안전구역 또는 집결지로 피난을 유도해야 한다. ② 계단 등에서 병목현상이 발생하지 않도록 재실자 및 방문자를 분산하여 피난을 유도한다. ③ 양방향 피난경로 중 폐쇄 또는 접근이 불가한 경로가 있는 경우 대체 경로를 활용한다. ④ 피난유도 시 피난자의 패닉방지를 위한 심리적 안정조치를 취해야 한다.

피난안전구역의 활용	① 피난안전구역이 설치된 대상물의 담당 대원은 피난유도 시 피난안전구역을 활용할 수 있다. ② 피난안전구역으로 피난요구자를 1차 대피유도하고 피난 및 구조진행 상황에 따라 추가적인 피난을 유도하거나 보조할 수 있다. ③ 피난안전구역에 설치된 구급장비 등을 활용해 응급처치 등 필요한 조치를 취할 수 있다.
집결	① 피난요구자를 사전에 지정된 집결 장소로 최종 유도한다. ② 피난을 완료한 재실자 등이 다시 대상물로 진입하지 못하도록 조치를 취한다. ③ 집결지에 집결한 인원에 대해 부상자 및 실종자 현황을 파악하고 필요 시 응급조치를 시행한다. ④ 집결 장소에서 습득한 화재 및 피해상황에 대한 정보를 대장 및 소방기관에 통보한다.

핵심기출문제

다음 피난안내도를 보고 이에 대한 설명으로 옳은 것은?

① 피난계획을 세울 때 2개 방향으로 피난할 수 있도록 계획한다.
② 이 층의 피난계단은 특별피난계단이다.
③ 계단이 연기로 가득하여 대피할 수 없을 경우 완강기를 이용하여 대피하도록 한다.
④ 이동이 불편한 장애인의 경우 2인 이상이 1조가 되어 피난을 보조한다.

해설 ① 피난계획을 세울 때 1개 방향으로 피난할 수 있도록 한다.
② 부속실이 설치되어 있지 않은 일반적인 직통계단이다.
③ 각 실마다 소화기는 비치되어 있으나 완강기가 설치되어 있지 않아 완강기를 이용하여 대피할 수 있는 상황이 아니다.

답 ④

▣ 피난약자의 피난계획 수립

일반원칙		① 피난약자의 재배치 또는 수직피난 등 화재상황에 적합한 피난전략을 고려하여 시행한다. ② 피난유도 시 피난약자를 우선 피난대상으로 지정하여 피난을 유도하고 보조를 요청하도록 한다. ③ 피난약자의 피난을 위해 사전에 지정된 피난보조자를 배치하거나 현장에서 피난보조자를 지정할 수 있다.
공통사항	건물에 대한 이해	비상구 위치(2 이상의 피난로 확보), 피난 시 장애가 될 수 있는 물품이나 구역, 화재경보설비 등 소방시설의 위치, 구조대와 연락장치 위치, 임시 대피공간 등을 피난약자는 물론 전 거주자가 숙지토록 한다.
	피난약자에 대한 현황파악과 피난보조요령 등 숙지	유형별 현황파악[장애인(지체, 청각, 시각 등), 노인 및 어린이, 임산부, 환자 등의 인원 수 및 피난장애 정도와 평상시 위치 및 동선 등]과 유형에 따른 피난보조자의 임무와 피난(보조)기구 사용법, 피난유도방법 등을 포함한다.
	적절한 설비 설치	법적인 소방시설 및 편의시설 설치는 물론 피난약자를 위한 적극적인 설비보강이 요구된다. 건축물의 환경에 적합한 소방시설, 피난보조기구의 설치, 다수인피난장비, 비상구, 계단난간, 바닥에 대한 표지 등이 권장된다.
	소방안전교육 및 훈련 실시	피난약자는 물론, 건물 내 신입직원의 오리엔테이션 때부터 대피 및 대피유도 방법을 숙지시키고 유형별 훈련으로 피난 및 피난보조 능력을 향상시킨다.
	효과적인 피난시스템 구축	가장 중요한 점은 건물 내 자위소방대 조직에 의한 화재 초기 대피시스템의 구축이다. 또한 소방, 경찰 등 재난관련 관서와의 협조체제 구축이 필요하며, 이를 위해 소방안전관리자와 재난관련 기관과의 토론과 전 거주자가 참여하는 합동훈련이 효과적이다.

■ 장애유형별 피난보조 예시

지체장애인	불가피한 경우를 제외하고는 2인 이상이 1조가 되어 피난을 보조하고 장애 정도에 따라 보조기구를 적극 활용하며 계단 및 경사로에서의 균형에 주의를 요한다.
청각장애인	시각적인 전달을 위해 표정이나 제스처를 사용하고 조명(손전등 및 전등)을 적극 활용하며 메모를 이용한 대화도 효과적이다.
시각장애인	① 평상시와 같이 지팡이를 이용하여 피난토록 한다. 피난보조자는 팔과 어깨에 살며시 기대도록 하여 안내하며 계단, 장애물 등을 미리 알려준다. ② 피난유도 시 여기, 저기 등 애매한 표현보다는 좌측 1m, 왼쪽 2m 같이 명확하게 표현하고 여러 명의 시각장애인이 동시에 대피하는 경우 서로 손을 잡고 질서있게 피난토록 한다.
지적장애인	공황상태에 빠질 수 있으므로 차분하고 느린 어조로 도움을 주러 왔음을 밝히고 피난을 보조한다.
노약자	장애인에 준하여 피난보조를 실시한다.

▶ **핵심기출문제**

피난계획의 수립 내용으로 옳지 않은 것은?

① 피난구 위치를 거주자가 숙지토록 한다.
② 재해약자의 재배치 등 적합한 피난전략을 고려하여 시행한다.
③ 건축물 환경에 적합한 피난보조기구의 설치가 권장된다.
④ 시각장애인의 경우 시각적인 전달을 위해 표정이나 제스처를 사용한다.

해설 시각장애인의 경우 팔과 어깨를 살며시 기대도록 하여 안내한다.

답 ④

PART 07

응급처치

1 응급처치 개요

■ 응급처치의 정의 및 목적 2급 3급

정의	가정, 직장 등에서 부상이나 질병으로 인해 위급한 상황에 놓인 환자에게 의사의 치료가 시행되기 전에 즉각적이며 임시적으로 제공하는 처치이다.
목적	환자의 생명을 구하고 유지하며, 2차적으로 오는 합병증을 예방하고, 환자의 고통과 불안을 경감시켜, 차후 의사의 전문치료에 도움을 주어 회복을 빠르게 하는 데 그 목적이 있다.

▶ 핵심기출문제

다음 중 응급처치의 목적으로 볼 수 없는 것은?

① 환자의 생명을 구함

② 환자를 전문치료하기 위함

③ 환자의 고통과 불안을 경감시킴

④ 2차적으로 오는 합병증을 예방함

> **해설** 응급처치는 환자의 생명을 구하고 유지하며, 2차적으로 오는 합병증을 예방하고, 환자의 고통과 불안을 경감시켜, 차후 의사의 전문치료에 도움을 주어 회복을 빠르게 하는 데 그 목적이 있다.
>
> **답** ②

■ 응급처치의 중요성 2급 3급

- 긴급한 환자의 생명을 유지
- 환자의 고통을 경감
- 위급한 부상부위의 응급처치로 치료기간을 단축
- 현장처치의 원활화로 의료비 절감

■ 응급처치 기본사항 2급 3급

기도확보(유지)	① 환자의 입(구강) 내에 이물질이 있는 경우, 이물질이 빠져나올 수 있도록 기침을 유도한다. ② 만약 기침을 할 수 없는 경우, 복부밀어내기를 실시한다. 이때 눈에 보이는 이물질이라고 하여 함부로 제거하려 해서는 안 된다. ③ 환자가 구토를 하는 경우, 머리를 옆으로 돌려 구토물의 흡입으로 인한 질식을 예방해주어야 한다. ④ 이물질이 제거된 후 머리를 뒤로 젖히고, 턱을 위로 들어 올려 기도가 개방되도록 하되 접은 옷가지를 환자 목 뒤에 대어 편안하고 안전하게 유지한다.
지혈처리	사람의 체내에는 체중의 약 8% 혈액이 있으며 출혈로 혈액량 감소 시 온몸이 저산소 출혈성 쇼크상태가 된다. 출혈의 원인 및 환자의 상태 등에 따라 다르나, 일반적으로 개인당 혈액량의 15~20% 출혈 시 생명이 위험해지고 30% 출혈 시 생명을 잃게 된다.
상처보호	심한 상처로 출혈된 손상부위에 대하여 소독거즈로 응급처치하고 붕대로 드레싱하되 1차 사용한 거즈 등으로 상처를 닦는 것은 금하고 청결하게 소독된 거즈 등을 사용하여야 한다.

핵심기출문제

다음 중 기도확보에 대한 내용으로 옳지 않은 것은?

① 환자의 구강 내에 이물질이 있는 경우, 이물질이 빠져나올 수 있도록 기침을 유도한다.

② 기침할 수 없는 경우, 복부밀어내기를 실시한다.

③ 눈에 보이는 이물질인 경우 손으로 재빨리 꺼낸다.

④ 환자가 구토를 하는 경우, 머리를 옆으로 돌려 구토물의 흡입으로 인한 질식을 예방해주어야 한다.

해설 눈에 보이는 이물질이라 하여 함부로 제거하려 해서는 안 된다.

답 ③

■ 응급처치의 일반원칙 2급 3급

① 구조자는 긴박한 상황에서도 자신의 안전을 최우선한다. 제2차 사고 발생을 고려하여 구조에 전념한다.

② 성희롱과 같은 문제 발생에 대비하여 보호자나 당사자에게 사전에 이해와 동의를 얻는다.

③ 침착하게 사고의 정도와 환자의 상태를 파악하고 불필요한 환자의 이동을 금한다.

④ 응급처치와 동시에 응급구조를 요청한다.

⑤ ┌ 의식있는 환자 : 환자와 대화하며 처치 실시
   └ 의식없는 환자 : 기도 개방 후 똑바로 눕힌 상태에서 환자의 상 태를 확인하고 보호자나 목격자와 대화를 통해 추가로 확인

2 응급처치 요령

■ 출혈 [2급] [3급]

혈액이 피부 밖으로 흘러나오는 것을 외출혈이라 하고 피부 안쪽에 고이는 것을 내출혈이라 한다. 혈액 총량은 체중의 **약 8%**를 차지하며, 성인의 경우 **약 4~6L** 정도이다.

① 출혈의 증상

　㉠ 호흡과 맥박이 빠르고 약하고 불규칙하며, 체온이 떨어지고 호흡곤란도 나타난다.

　㉡ 반사작용이 둔해진다.

　㉢ 탈수현상이 나타나며 갈증을 호소한다.

　㉣ **동공이 확대**되고 두려움이나 불안을 호소한다.

　㉤ **혈압이 점차 저하**되며, 피부가 창백해지고 차고 축축해진다.

　㉥ 구토가 발생한다.

> ### 📖 핵심기출문제
>
> 출혈의 증상으로 틀린 것은?
>
> ① 호흡과 맥박이 빠르고 약하고 불규칙하다.
> ② 체온이 떨어지고 호흡곤란도 나타난다.
> ③ 혈압이 점차 높아지고 피부가 창백해진다.
> ④ 동공이 확대되고 두려움이나 불안을 호소한다.
>
> 해설 혈압이 점차 저하되고 피부가 창백해진다.
>
> 답 ③

② 출혈 시 응급처치

환자를 편안하게 눕히고, 조이는 옷을 풀어 주어 호흡을 편하게 해 주고, 손상부위를 올려주고 차가운 국소찜질을 하며 체온유지를 위하여 보온해준다.

직접압박법	출혈 상처부위를 직접 압박하는 방법으로 소독거즈로 출혈부위를 덮은 후 4~6인치 압박붕대로 출혈부위가 압박되게 감아준다. 압박 후 출혈이 계속되면 소독된 거즈를 추가로 덮고 압박붕대를 한 번 더 감고 출혈부위를 심장보다 높여 줌으로써 출혈량을 감소시킬 수 있다.
지혈대 사용법	절단과 같은 심한 출혈이 있을 때나 지혈법으로도 출혈을 막지 못할 경우 최후의 수단으로 사용한다. 이는 지혈대를 오랜 시간 장착, 방치하면 혈액으로부터 공급 받던 산소의 부족으로 조직괴사가 유발되니 무릎, 팔꿈치와 같은 관절 부위에는 착용시키지 않는다(5cm 이상의 띠 사용).

핵심기출문제

출혈 시 응급처치에 대한 내용으로 옳지 않은 것은?

① 조이는 옷을 풀어 주어 호흡을 편하게 해 준다.

② 손상부위를 올려준다.

③ 손상부위에 온열찜질을 한다.

④ 체온유지를 위하여 보온해준다.

해설 손상부위에 차가운 국소찜질을 한다.

답 ③

■ 화상 2급 3급

원인제공	내용물질
열	열, 증기, 뜨거운 액체, 뜨거운 물체
방사선	핵물질
전기	번개, 일반전기, 충전전기
빛	태양열을 포함한 자외선, 강력한 빛
화학물질	부식제, 산, 염기

① 화상의 분류

표피화상 (1도화상)	피부 바깥층의 화상을 말하며 약간의 부종과 홍반이 나타나며 부어오르면서 통증을 느끼나 치료 시 흉터 없이 치료된다.
부분층화상 (2도화상)	피부의 두 번째 층까지 화상으로 손상되어 심한 통증과 발적, **수포**가 발생하므로 표피가 얼룩얼룩하게 되고 진피의 모세혈관이 손상되며 물집이 터져 진물이 나고 감염의 위험이 있다.
전층화상 (3도화상)	피부 전층이 손상되며 피하지방과 근육층까지 손상된 상태로 피부는 가죽처럼 매끈하고 회색이나 검은색으로도 된다. 피부에 체액이 통하지 않아 화상부위는 건조하며 **통증이 없다.**

핵심기출문제

피부 전층이 손상되며 피하지방과 근육층까지 손상된 상태로 되는 화상은?

① 1도 화상　　　　　　② 2도 화상
③ 3도 화상　　　　　　④ 4도 화상

해설 피부 전층이 손상되며 피하지방과 근육층까지 손상된 상태로 되는 화상은 3도 화상이다.

답 ③

② 화상의 응급처치

화상환자 이동 전 조치	㉠ 화상환자가 착용한 옷가지가 피부조직에 붙어 있을 때에는 옷을 잘라내지 말고 수건 등으로 접촉되는 일이 없도록 한다. ㉡ 통증 호소 또는 피부의 변화에 동요되어 간장, 된장, 식용기름을 바르는 일이 없도록 하고, 1도, 2도 화상은 화상부위를 흐르는 물에 식혀준다. 이때 물의 온도는 실온, 수압은 약하게 하여 화상부위보다 위에서 아래로 흘러내리도록 한다. 3도 화상은 물에 적신 천을 대어 열기가 심부로 전달되는 것을 막아주고 통증을 줄여 준다. ㉢ 화상부분의 오염 우려 시 소독거즈가 있을 경우 화상부위를 덮어주면 좋다. 그러나 골절환자일 경우 무리하게 압박하여 드레싱하는 것은 금한다. ㉣ 화상환자가 부분층화상일 경우 수포(물집)상태의 감염 우려가 있으니 터트리지 말아야 한다.
이송	응급처치 후 환자의 화상부위가 상부로 오도록 조치하고 구급차에 들것 등으로 승차 시 화상부위가 손상되지 않도록 각별히 유의하여야 한다.

핵심기출문제

다음 중 화상환자의 이동 전 조치로 옳지 않은 것은?

① 화상부위를 흐르는 찬물에 씻어주거나 물에 적신 차가운 천을 대어 열기가 심부로 전달되는 것을 막아주고 통증을 줄여 준다.
② 화상환자가 부분층화상일 경우 수포상태의 감염 우려가 있으니 터뜨리지 말아야 한다.
③ 골절환자라도 감염예방을 위해 화상부위를 드레싱하도록 한다.
④ 통증 호소 또는 피부의 변화에 동요되어 간장, 된장, 식용기름을 바르는 일이 없도록 한다.

해설 골절환자일 경우 무리하게 압박하여 드레싱하는 것은 금한다.

답 ③

■ 성인심폐소생술 2급 3급

가슴압박(Compression) → 기도유지(Airway) → 인공호흡(Breathing)의 C → A → B 순서이다.

① 일반인 심폐소생술 시행방법

반응의 확인	• 환자의 양쪽 어깨를 가볍게 두드리며 "여보세요, 괜찮으세요?"라고 물어본다. • 의식이 있다면 환자는 대답을 하거나 움직이거나 또는 신음소리를 내는 것과 같은 반응을 나타낸다. • 반응이 없다면 심정지의 가능성이 높다고 판단해야 한다.
119 신고	• 반응이 없다면 즉시 큰소리로 주변 사람에게 119 신고를 요청한다. • 주변에 아무도 없으면 직접 119에 신고한다. • 만약 주위에 심장충격기가 비치되어 있다면 즉시 가져와 사용해야 한다.
호흡 확인	• 쓰러진 환지의 얼굴과 가슴을 10초 이내에 관찰하여 호흡이 있는지를 확인한다. • 환자의 호흡이 없거나 비정상적이라면 심정지가 발생한 것으로 판단한다.
가슴압박 30회 시행	• 환자를 바닥이 단단하고 평평한 곳에 등을 대고 눕힌 후 가슴뼈(흉골)의 아래쪽 절반 부위에 깍지를 낀 두 손의 손바닥 뒷꿈치를 댄다. • 손가락이 가슴에 닿지 않도록 주의하면서, 양팔을 쭉 편 상태로 체중을 실어서 환자의 몸과 수직이 되도록 가슴을 압박하고, 압박된 가슴은 완전히 이완되도록 한다. • 가슴압박은 성인에서 분당 100~120회의 속도와 약 5cm 깊이(소아 4~5cm)로 강하고 빠르게 시행한다.
인공호흡 2회 시행	• 환자의 머리를 젖히고, 턱을 들어 올려 환자의 기도를 개방시킨다. • 머리를 젖혔던 손의 엄지와 검지로 환자의 코를 잡아서 막고, 입을 크게 벌려 환자의 입을 완전히 막은 후 가슴이 올라올 정도로 1초에 걸려서 숨을 불어 넣는다. • 숨을 불어 넣을 때에는 환자의 가슴이 부풀어 오르는지 눈으로 확인한다. 숨을 불어넣은 후에는 입을 떼고 코도 놓아주어서 공기가 배출되도록 한다.
가슴압박과 인공호흡의 반복	• 30회의 가슴압박과 2회의 인공호흡을 119구급대원이 현장에 도착할 때까지 반복해서 시행한다. • 다른 구조자가 있는 경우에는 한 구조자는 가슴압박을 시행하고 다른 구조자는 인공호흡을 맡아서 시행하며, 심폐소생술 5주기(30:2 가슴압박과 인공호흡)를 시행한 뒤 서로 역할을 교대한다.
회복자세	• 가슴압박 소생술 시행 중 환자가 소리내거나 움직이면, 호흡 회복 여부를 확인한다. → 회복된 경우 옆으로 돌려 눕혀 기도가 막히는 것을 예방한다. • 환자의 반응과 호흡 관찰 → 심정지 재발시 → 가슴압박과 인공호흡 다시 시행

핵심기출문제

다음 중 가슴압박에 대한 내용으로 옳지 않은 것은?

① 환자를 바닥이 단단하고 평평한 곳에 등을 대고 눕힌 뒤에 가슴뼈의 아래쪽 절반 부위에 두 손을 댄다.

② 깍지를 낀 두 손의 손바닥과 손가락이 가슴에 닿도록 댄 상태에서 양 팔을 쭉 편 상태로 체중을 실어서 환자의 몸과 수직이 되도록 가슴을 압박한다.

③ 가슴압박은 성인에서 분당 100~120회의 속도와 약 5cm의 깊이로 강하고 빠르게 시행한다.

④ '하나', '둘', '셋', …, '서른'하고 세어가면서 규칙적으로 시행하며, 환자가 회복되거나 119구급대가 도착할 때까지 지속한다.

해설 깍지를 낀 두 손의 손바닥 뒤꿈치를 댄다. 손가락이 가슴에 닿지 않도록 주의한다.

답 ②

② 자동심장충격기(AED) 사용방법

전원켜기	• 심장충격기를 심폐소생술에 방해가 되지 않는 위치에 놓은 뒤 전원버튼을 누른다.
두 개의 패드 부착	• ┌ 패드1 : 오른쪽 빗장뼈 아래 └ 패드2 : 왼쪽 젖꼭지 아래의 중간겨드랑선 • 패드 부착부위에 이물질이 있다면 제거하며, 패드와 심장충격기 본체가 분리되어 있는 경우에는 연결한다.
심장리듬 분석	• "분석 중…"이라는 음성 지시가 나오면, 심폐소생술을 멈추고 환자에게서 손을 뗀다. – 심장충격(제세동)이 필요한 경우 : "심장충격(제세동)이 필요합니다."라는 음성지시와 함께 심장충격기가 스스로 설정된 에너지로 충전을 시작한다. 충전은 수 초 이상 소요되므로 가능한 가슴압박을 시행한다. – 심장충격(제세동)이 필요없는 경우 : "환자의 상태를 확인하고, 심폐소생술을 계속 하십시오"라는 음성지시가 나오며, 이 경우 즉시 심폐소생술을 시작한다.
심장충격(제세동) 시행	• 심장충격(제세동)이 필요한 환자인 경우에만 심장충격 버튼이 깜박이기 시작하며, 깜박일 때 심장충격버튼을 눌러 심장충격을 시행한다.
즉시 심폐소생술 다시 시행	• 심장충격 실시 후 즉시 가슴압박과 인공호흡(30:2)을 다시 시작한다. • 심장충격기는 2분마다 심장리듬을 반복해서 분석 → 심장충격기 사용 및 심폐소생술 시행은 119구급대가 현장에 도착할 때까지 지속되어야 한다.

PART 08

소방안전
교육 및
훈련

소방안전교육 및 훈련

1 소방교육 및 훈련의 개념

소방교육 및 훈련의 실시원칙 2급 3급

학습자 중심의 원칙 ★	① 한 번에 한 가지씩 습득 가능한 분량을 교육 및 훈련시킨다. ② 쉬운 것에서 어려운 것으로 교육을 실시하되 기능적 이해에 비중을 둔다. ③ 학습자에게 감동이 있는 교육이 되어야 한다.
동기부여의 원칙	① 교육의 중요성을 전달해야 한다. ② 학습을 위해 적절한 스케줄을 적절히 배정해야 한다. ③ 교육은 시기적절하게 이루어져야 한다. ④ 핵심사항에 교육의 포커스를 맞추어야 한다. ⑤ 학습에 대한 보상을 제공해야 한다. ⑥ 교육에 재미를 부여해야 한다. ⑦ 교육에 있어 다양성을 활용해야 한다. ⑧ 사회적 상호작용을 제공해야 한다. ⑨ 전문성을 공유해야 한다. ⑩ 초기성공에 대해 격려해야 한다.
목적의 원칙	① 어떠한 기술을 어느 정도까지 익혀야 하는가를 명확하게 제시한다. ② 습득하여야 할 기술이 활동 전체에서 어느 위치에 있는가를 인식하도록 한다.
현실성의 원칙	학습자의 능력을 고려하지 않은 훈련은 비현실적이고 불완전하다.
실습의 원칙	① 실습을 통해 지식을 습득한다. ② 목적을 생각하고, 적절한 방법으로 정확하게 하도록 한다.
경험의 원칙	경험을 했던 사례를 들어 현실감 있게 하도록 한다.
관련성의 원칙	모든 교육 및 훈련 내용은 실무적인 접목과 현장성이 있어야 한다.

핵심기출문제

소방안전교육의 원칙 중 〈보기〉에 해당하는 것은?

|보기|
- 한 번에 한 가지씩 습득 가능한 분량을 교육 및 훈련시킨다.
- 쉬운 것에서 어려운 것으로 교육을 실시하되 기능적 이해에 비중을 둔다.

① 현실성의 원칙 ② 학습자 중심의 원칙
③ 동기부여의 원칙 ④ 목적의 원칙

해설 〈보기〉에서 설명하는 것은 학습자 중심의 원칙이다.

답 ②

■ 합동소방훈련의 실시 2급

필요성	합동소방훈련은 소방안전관리대상물과 소방관서에서 함께 실시하는 훈련으로, 소방서장은 **특급 및 1급** 소방안전관리대상물의 관계인으로 하여금 합동소방훈련을 실시하게 할 수 있다. 합동소방훈련의 실시는 아래와 같은 사항들을 목적으로 한다. ① 평상시 부분적으로 습득한 안전지식과 기술을 종합적으로 시행한다는 의미 ② 실제상황에서 자위소방대와 소방관서와의 긴밀한 협조체제를 통한 화재피해의 최소화 ③ 의식적인 차원에서도 기억에 남는 경험이 되므로 소방안전 중요성에 대한 인식을 강화 ④ 훈련을 준비하는 과정에서 평상 시에 잘 모르고 있었거나 부족한 부분을 알게 되고, 보다 다양한 화재사고에도 대처하는 능력을 배양
훈련규모와 내용의 결정	훈련을 실시하기 위해서는 훈련의 규모와 내용을 정하여야 한다. 훈련대상 건물에서 발생할 수 있는 상황에 대해서 가정하고 이에 대응하는 각종 활동을 연출하도록 하여야 한다. 또한 참여인력이나 동원되는 장비 등을 결정하고 필요한 부분에 대한 준비를 하여야 한다.

핵심기출문제

합동소방훈련을 실시할 수 있는 대상물이 아닌 것은?

① 12층 업무시설

② 지하 5층 지상 27층 아파트

③ 연면적 25,000m²인 쇼핑몰

④ 가연성 가스 2천톤을 취급하는 가스시설

해설 합동소방훈련을 실시할 수 있는 대상물은 특급 및 1급 소방안전관리 대상물이어야 한다. 지하 5층 지상 27층 아파트는 1급 소방안전관리 대상물에 해당하지 않기 때문에 합동소방훈련을 할 수 있는 대상물이 아니다.

①, ③, ④는 모두 1급 소방안전관리대상물에 해당되어 합동소방훈련을 할 수 있는 대상물이다.

답 ②

소방안전관리자 핵심요약집

소방안전관리자 핵심요약집

소방안전관리자 핵심요약집